ゼロからはじめる
SOLIDWORKS

Series② アセンブリモデリング STEP2

株式会社オズクリエイション 著

電気書院

本書は、3 次元 CAD SOLIDWORKS 用の習得用テキストです。

これから 3 次元 CAD をはじめる機械設計者、教育機関関係者、学生の方を対象にしています。

【本書で学べること】

◆ トップダウンの手法でアセンブリの作成

◆ アセンブリレイアウトの作成

◆ アセンブリフィーチャーの作成

等を学んでいただき、SOLIDWORKS を効果的に活用する技能を習得していただけます。

本書では、SOLIDWORKS をうまく使いこなせることを柱として、基本的なテクニックを習得することに重点を

置いています。

【本書の特徴】

◆ 本書は操作手順を中心に構成されています。

◆ 視覚的にわかりやすいように SOLIDWORKS の画像や図解、吹き出し等で操作手順を説明しています。

◆ 本書で使用している画面は、SOLIDWORKS2020 を使用する場合に表示されるものです。

【前提条件】

◆ 基礎的な機械製図の知識を有していること。

◆ Windows の基本操作ができること。

◆ 「ゼロからはじめる SOLIDWORKS Series2 アセンブリモデリング入門／STEP1」を習熟していること。

【寸法について】

◆ 図面の投影図、寸法、記号などは本書の目的に沿って作成しています。

◆ JIS 機械製図規格に従って作成しています。

【事前準備】

◆ 専用 WEB サイトよりダウンロードした CAD データを使用して課題を作成していきます。

◆ SOLIDWORKS がインストールされているパソコンを用意してください。

⚠ 本書には、3 次元 CAD SOLIDWORKS のインストーラおよびライセンスは付属しておりません。

本書は、SOLIDWORKS を使用した 3D CAD 入門書です。

本書の一部または全部を著者の書面による許可なく複写・複製することは、その形態を問わず禁じます。

間違いがないよう注意して作成しましたが、万一間違いを発見されました場合は、

ご容赦いただきますと同時に、ご連絡くださいますようお願いいたします。

内容は予告なく変更することがあります。

本書に関する連絡先は以下のとおりです。

（Technology＋Dream＋Future）Creation＝O's Creation

〒115-0042　東京都北区志茂 1-34-20　日看ビル 3F

TEL：03-6454-4068　FAX：03-6454-4078

メールアドレス：info@osc-inc.co.jp

URL：https://osc-inc.co.jp/

目　次

SOLIDWORKS および SOLIDWORKS に関連する操作は、すべて本書に示す手順に従って行ってください。

下図のように操作する順番は ① 🖱 **クリック** のように吹き出しで指示されています。

🖱 はマウスの操作を意味しており、クリック、ドラッグ、ダブルクリックなどがあります。

⌨ はキーボードによる入力操作を意味しています。

12.3.2 **新規部品の作成**

アセンブリ内に**新規部品を作成**し、**レイアウトスケッチを参照してモデリング**します。

作成した部品は**アセンブリ内に保存**され、**仮想構成部品（または内部部品）**といいます。

1. Command Manager【アセンブリ】タブより 🗂 ［構成部品の挿入］下の ⌄ を 🖱 クリックして展開し、🗂 ［新規部品］を 🖱 クリック。

   または、**ショートカットツールバー**より 🗂 ［新規部品］を 🖱 クリック。

   グラフィックス領域で ⌗ を押すと、**ショートカットツールバー**が表示されます。

2. Feature Manager デザインツリーに《🗂 (固定)［Part1^ Garage roof］＜1＞》が追加され、**ステータスバーに「新しい部品を配置する面または平面を選択して下さい。」と表示**されます。

   今回は新規部品でスケッチを作成しないので ［ESC］ を押します。

   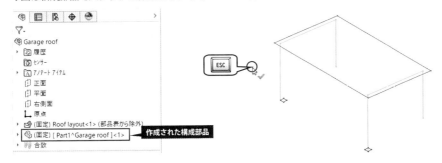

3. 新規部品の**名前を変更**します。

   Feature Manager デザインツリーから《🗂 (固定)［Part1^ Garage roof］＜1＞》を

   ゆっくり2回 🖱🖱 クリック、または ［F2］ を押すと**フィーチャー名が枠で囲われてキーボードで編集可能に**なります。＜**Flame**＞と ⌨ 入力し、［ENTER］を押して確定します。

本書で使用するアイコン、表記

本書では、下表で示すアイコン、表記で操作方法などを説明します。

アイコン、表記	説 明
👍 *POINT*	覚えておくと便利なこと、説明の補足事項を詳しく説明しています。
⚠️	操作する上で注意していただきたいことを説明します。
参照	関連する項目の参照ページを示します。
🖱 🖱×2 🖱🖱 🖱 🖱	マウスの左ボタンに関するアイコンです。 🖱 はクリック、🖱×2 はダブルクリック、🖱🖱 はゆっくり2回クリック、 🖱 はドラッグ、🖱 はドラッグ状態からのドロップです。
🖱 🖱	マウスの右ボタンに関するアイコンです。 🖱 は右クリック、🖱 は右ドラッグです。
🖱 🖱×2 🖱 🖱↓ 🖱↑	マウスの中ボタンに関するアイコンです。 🖱 は中クリック、🖱×2 はダブルクリック、🖱 は中ドラッグです。 🖱↓ 🖱↑ はマウスホイールの回転です。
ENTER CTRL SHIFT ↑ F1 1 1ぬ	キーボードキーのアイコンです。指定されたキーを押します。
SOLIDWORKS は、フランスの……	重要な言葉や文字は太字で表記します。
［ファイル］＞ 📂 ［開く］を選択して……	アイコンに続いてコマンド名を［　］に閉じて太字で表記します。 メニューバーのメニュー名も同様に表記します。
{　**Chapter 1**}にある……	フォルダーとファイルは{　}に閉じてアイコンと共に表記します。 ファイルの種類によりアイコンは異なります。
『**ようこそ**』ダイアログが表示され……	ダイアログは『　』に閉じて太字で表記します。
【**フィーチャー**】タブを 🖱 クリック……	タブ名は【　】に閉じて太字で表記します。
《🗋**正面**》を 🖱 クリック……	ツリーアイテム名は《　》に閉じ、アイコンに続いて太字で表記します。
｜**距離**｜には＜ 1 0 ＞と ⌨ 入力……	数値は＜ 1 0 ＞に閉じてキーアイコンまたは太字で表記します。
「**押し出し状態**」より［**ブラインド**］を……	パラメータ名、項目名は「　」に閉じて太字で表記します。 リストボックスから選択するオプションは［　］に閉じて太字で表記します。

本書で使用する CAD データを下記の手順にてダウンロードしてください。

1. ブラウザにて WEB サイト「https://www.osc-inc.co.jp/Zero_SW2」へアクセスします。

2. **ユーザー名**＜osuser3＞と**パスワード**＜86Guu453＞を⌨入力し、 ログイン を 🖱 クリック。

   （※ブラウザにより表示されるウィンドウが異なります。下図は Google Chrome でアクセスしたときに表示されるウィンドウです。）

3. ダウンロード専用ページを表示します。

   ダウンロードする SOLIDWORKS のバージョンの 🖳 を 🖱 クリックすると、

   本書で使用するファイル｛ Series2-step2.ZIP｝がダウンロードされます。

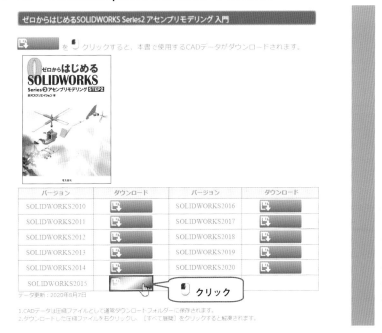

4. ダウンロードファイルは、通常｛ **ダウンロード**｝フォルダーに保存されます。

   圧縮ファイル｛ **Series2-step2.ZIP**｝は**解凍**して使用してください。

   今回は｛ **デスクトップ**｝にダウンロードフォルダーを移動して使用します。

Chapter12

トップダウンアセンブリの基本

トップダウンアセンブリの概要と基本的な操作について説明します。

トップダウンアセンブリとは

- ▶　*構想設計*
- ▶　*レイアウトスケッチ*
- ▶　*トップダウンアセンブリの作成手順*

レイアウトスケッチを使用した構成部品の配置

- ▶　*部品にレイアウトスケッチを作成*
- ▶　*構成部品の挿入とレイアウト変更*

レイアウトスケッチを使用した構成部品の作成

- ▶　*レイアウトスケッチ部品をエンベロープとして挿入*
- ▶　*新規部品の作成*
- ▶　*仮想構成部品の編集①*
- ▶　*仮想構成部品の編集②*

12.1 トップダウンアセンブリとは

トップダウンアセンブリとは、最初にモデル全体の大枠となるレイアウトや主要寸法を決め、それを基に各部品の詳細を設計していく手法です。実際の製品開発現場では一般的にトップダウンが用いられています。

12.1.1 構想設計

トップダウンでアセンブリを作成するときに最も重要なのは「**構想設計**」です。
これは「**全体を見極める**」設計のことで、**目的に近い重要な部分から順番に構想を練っていく方法**です。

では、**なぜ重要**なのでしょうか。
全体を見極め切れていない状態で部品の詳細設計をスタートした場合で考えてみましょう。
スタート後に寸法変更や関連する構成部品の形状などに変更があると、部品設計に数々のトラブルが発生します。
最悪の場合、最初から設計し直さなければならないケースもあります。

このようなトラブルを回避するのが構成設計です。
全体を見極めることで、部品の詳細設計を開始する前にトラブルになりそうな部分を見つけ出します。

詳細設計を開始した後でも、それぞれの設計内容の関連性を確認することが可能になる為、**製品設計全体の品質が上がり、設計にかかる時間を短縮**できます。

身近にあるものに鉛筆でのデッサン画がありますが、消しゴムで何度も書き直すなど苦労した経験がある方は多いと思います。これもうまく描くには、「**全体を見極める**」を意識する必要があります。
この手順は、3D CAD を使用した「**構想設計**」でも同じです。

次のステップで風景を描くと、バランスのいい画が描けます。

STEP1 最初に 1 枚の決められたサイズの用紙の中に自分が何を描くかを考えます。

STEP2 次に基準になる大事な線や目立つ線などのレイアウトとなる下絵を描きます。

STEP3 これを基に詳細に描き込んで仕上げていきます。

用紙：A4 横
題材：山と赤トンボ

12.1.2 レイアウトスケッチ

3D CAD ではレイアウトとなる下絵を「**レイアウトスケッチ**」といい、基準線、主要な輪郭、構成部品の配置平面などをスケッチや参照ジオメトリを使用して作成します。

これをアセンブリ内に挿入し、**アセンブリ内で参照しながら新規部品を設計**していきます。

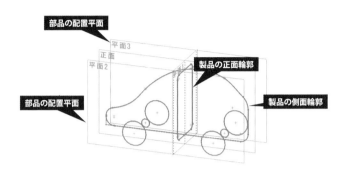

チーム設計では、「**レイアウトスケッチ**」を作成したファイルを**マスターデータ**とし、**ネットワーク上に配置して各設計者が共有して使用**します。

設計作業は同時進行で行われるため、部品を個々に完成させる直列的な設計作業より**トータルの設計期間を短縮することが可能**です。

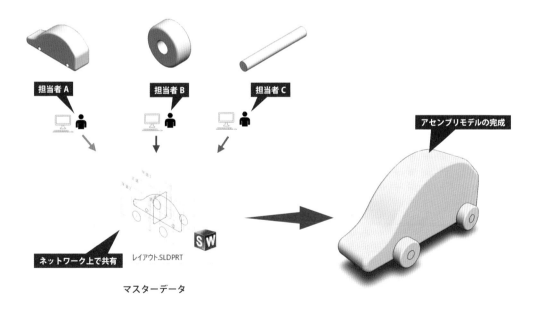

12.1.3 トップダウンアセンブリの作成手順

トップダウンアセンブリの作成手順を簡単にまとめると、下記のようになります。

STEP1 レイアウトを作成した部品やイラストを作成し、これをアセンブリに挿入して配置します。

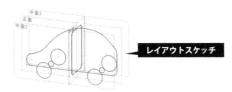

STEP2 アセンブリ内に新規部品、または新規アセンブリを作成し、合致により位置決めをします。
ドキュメントはアセンブリ内に保存される仮想構成部品（内部部品ともいう）として作成されます。
内部部品はアセンブリの中に作成された状態で、ファイルとして存在しません。

STEP3 レイアウトスケッチや別の構成部品を参照しながら部品を作成します。
外部のものを参照して作成されたスケッチ輪郭や幾何拘束などを外部参照といいます。

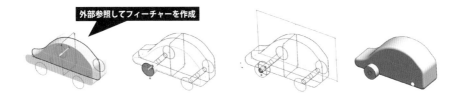

STEP4 内部部品を外部ファイルとして保存し、外部参照を削除します。

STEP5 ボトムアップの手法でアセンブリを作成し、動作チェックや干渉チェックなどを行います。

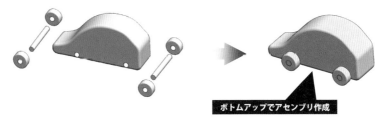

12.2 レイアウトスケッチを使用した構成部品の配置

レイアウトスケッチを使用してアセンブリを設計する主なメリットは、レイアウトスケッチの変更がアセンブリ内に作成した部品や部品に追加した合致に自動的に反映されるということです。

ここでは、レイアウトスケッチを使用した構成部品の配置と変更方法について説明します。

12.2.1 部品にレイアウトスケッチを作成

合致エンティティとして使用するレイアウトスケッチを部品の中に作成します。

1. ダウンロードフォルダー〔 **Chapter12**〕より部品〔**Parking space**〕を開きます。

Parking space.SLDPRT

2. 下図に示す ■ **平らな面**で**スケッチを開始**し、 [**直線**] を使用して**水平／垂直な直線**を作成します。

   アセンブリに配置した構成部品は、この直線を使用して合致を追加します。

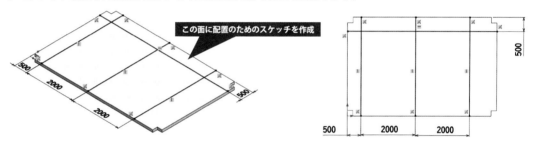

この面に配置のためのスケッチを作成

3. [**保存**] にて〔**Parking space**〕を**上書き保存**します。

4. 部品〔**Parking space**〕から**新しいアセンブリを作成**します。

   メニューバーの［**ファイル (F)**］＞ [**部品からアセンブリ作成 (K)**] を クリック。

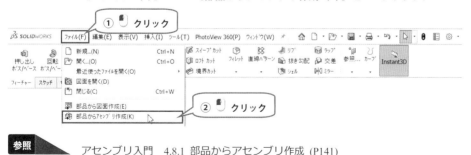

① クリック

② クリック

参照　アセンブリ入門　4.8.1 部品からアセンブリ作成 (P141)

5. Property Manager に「 **アセンブリを開始**」が表示されます。

   [**OK**] ボタンを クリックすると、〔**Parking space**〕はアセンブリの **原点に配置**されます。

6. [**保存**] にて〔 **Chapter12**〕に ＜**Garage**＞ という名前で保存します。

12.2.2 構成部品の挿入とレイアウト変更

{ 🐾 **Parking space**}に作成した**レイアウトスケッチを使用して構成部品に合致を追加**し、レイアウトスケッチを
変更して合致の駆動（パラメトリック変形）させます。

1. Command Manager【アセンブリ】より 🖱 [**構成部品の挿入**]を 🖱 クリック。

（※SOLIDWORKS2020の一部サービスパックおよび SOLIDWORKS2019 以前のバージョンは、[**既存の部品／アセンブリ**]を 🖱 クリック。）

2. Property Manager に「🖱 **構成部品の挿入**」が表示され、『**開く**』ダイアログが表示されます。

   ダウンロードフォルダー{ 📁 **Chapter12**}より部品ファイル{ 🐾 **Stopper**}を選択して 開く ▼ を
   🖱 クリックし、グラフィックス領域の**任意の位置**で 🖱 クリックして配置します。

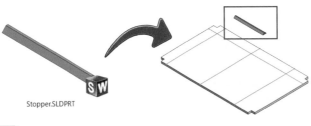

Stopper.SLDPRT

   参照 ▶ アセンブリ入門　2.3 構成部品の挿入 (P16)

3. **クイック合致状況依存ツールバーから合致を追加**します。

   《 🐾 (-)Stopper 》の《 ⊞ **平面** 》と《 🐾 (固定)Parking space 》の ▣ **上面**に 人 [**一致**]を追加します。

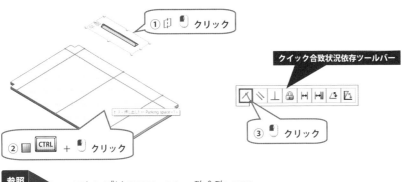

   参照 ▶ アセンブリ STEP1　7.2 一致合致 (P33)

4. **クイック合致状況依存ツールバーから合致を追加**します。

   《 (-)Stopper》の《右側面》と下図に示す**レイアウトスケッチの**直線に [一致] **を追加**します。

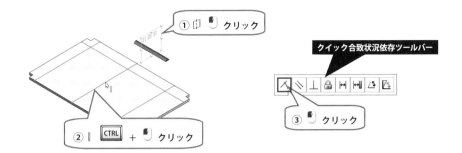

5. **クイック合致状況依存ツールバーから合致を追加**します。

   《 (-)Stopper》の《正面》と下図に示す**レイアウトスケッチの**直線に [一致] **を追加**します。
   これで《 Stopper》が**完全定義**します。

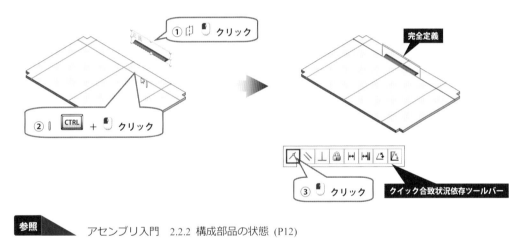

   参照　　アセンブリ入門　2.2.2　構成部品の状態 (P12)

6. [**構成部品の挿入**] を使用してダウンロードフォルダー { Chapter12} にある部品 { Car} を**挿入**します。

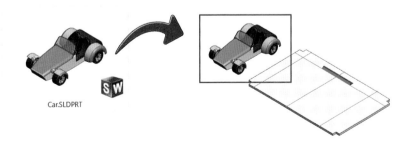

Car.SLDPRT

7. **クイック合致状況依存ツールバーから合致を追加**します。

   《🐾(-)Car》の《⬭平面》と《🐾(固定)Parking space》の ⬜ 上面に ⚒ [一致] を追加します。

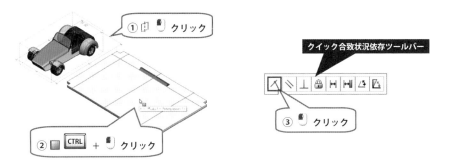

8. **クイック合致状況依存ツールバーから合致を追加**します。

   《🐾(-)Car》の《⬭右側面》と下図に示す**レイアウトスケッチ**の ⎮ 直線に ⚒ [一致] を追加します。

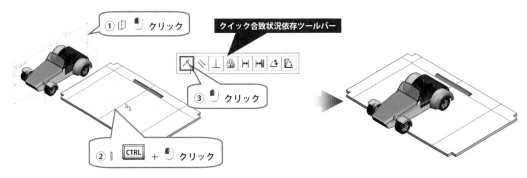

9. **クイック合致状況依存ツールバーから合致を追加**します。

   《🐾(-)Car》の後ろタイヤの ⬜ 円筒面と《🐾Stopper》の下図に示す ⬜ 平らな面に**正接合致を追加**します。
   これで《🐾Car》が**完全定義**します。

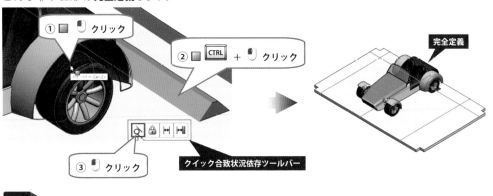

   参照 ▶ アセンブリ STEP1　7.5　正接合致 (P44)

10. **レイアウトスケッチの寸法値を変更**し、《🖱 Stopper》と《🖱 Car》の**配置位置を変更**します。

グラフィックス領域より**レイアウトスケッチの** ⸾ **直線エンティティ**を 🖱 ^{×2} **ダブルクリック**すると、

スケッチが編集中になります。（※ 🔲 [Instant3D] が**有効**になっている必要があります。）

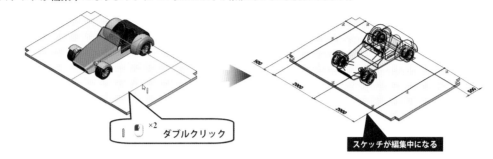

⸾ 🖱 ×2 ダブルクリック

スケッチが編集中になる

11. 下図に示す**寸法**を**<1000>** に**変更**し、🖱 [**スケッチ終了**] を 🖱 クリック。

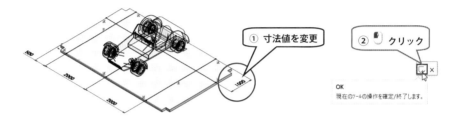

① 寸法値を変更

② 🖱 クリック

OK
現在のツールの操作を確定/終了します。

12. **確認コーナー**の 🖱、または Command Manager の 🖱 [**構成部品編集**] を 🖱 クリックすると、

《🖱 Stopper》と《🖱 Car》の**配置位置が変更**されます。

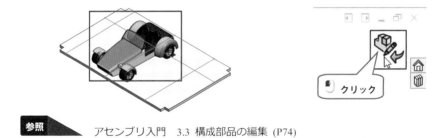

🖱 クリック

参照 アセンブリ入門　3.3 構成部品の編集 (P74)

13. 《🖱 Stopper》を CTRL を押しながら 🖱 ドラッグして**コピー**し、下図に示す位置に**レイアウトスケッチを使用して合致を追加**します。

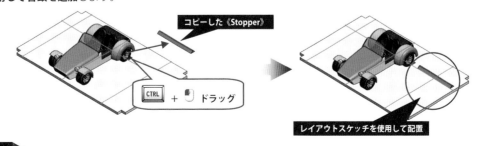

コピーした《Stopper》

CTRL + 🖱 ドラッグ

レイアウトスケッチを使用して配置

参照 アセンブリ入門　2.4.7 インスタンスのコピー (P36)

14. 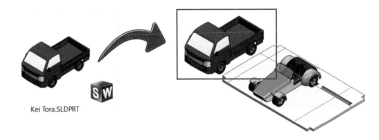 ［**構成部品の挿入**］を使用してダウンロードフォルダー｛ **Chapter12**｝にある部品｛ **Kei Tora**｝を **挿入**します。

15. 《 **Car**》と同様の手順で**レイアウトスケッチを使用して配置**し、**完全定義**させます。

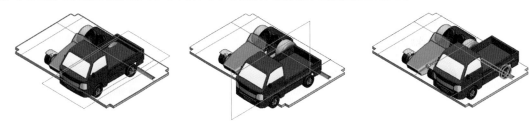

16. 下図に示す**レイアウトスケッチの寸法値を変更**します。

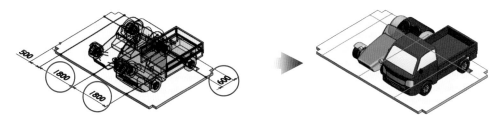

17. 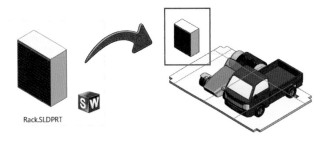 ［**構成部品の挿入**］を使用してダウンロードフォルダー｛ **Chapter12**｝にある部品｛ **Rack**｝を**挿入** します。

18. 下図に示す《 🐾 (-)Rack》の ‖ 直線エッジとレイアウトスケッチの ‖ 直線に ⊿ [一致] を追加します。

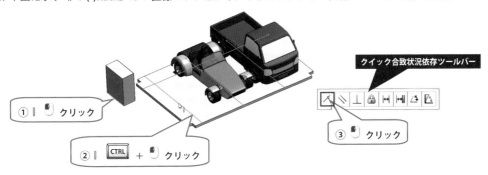

19. **クイック合致状況依存ツールバーから合致を追加**します。

下図に示す《 🐾 (-)Rack》の ‖ 直線エッジとレイアウトスケッチの ‖ 直線に ⊿ [一致] を追加します。

これで《 🐾 Rack》が**完全定義**します。

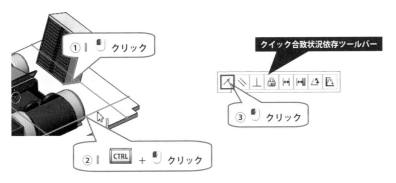

20. 💾 [**保存**] にて { 🐾 Garage} を**上書き保存**して閉じます。

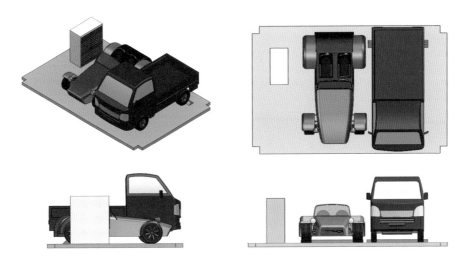

12.3 レイアウトスケッチを使用した構成部品の作成

レイアウトスケッチを作成した部品を**エンベロープ**として**アセンブリに挿入**できます。

エンベロープは、**部品表や質量特性に反映されない**といった特徴があります。

12.3.1 レイアウトスケッチ部品をエンベロープとして挿入

レイアウトスケッチのある部品をエンベロープとしてアセンブリに挿入してみましょう。

（※以下の操作は SOLIDWORKS2013 以降の機能です。）

1. ダウンロードフォルダー { Chapter12} より部品 { Roof layout} を開きます。

Roof layout.SLDPRT

2. **メニューバーの[ファイル（F）] >** [部品からアセンブリ作成（K）] を クリック。

3. Property Manager に「 **アセンブリを開始**」が表示されます。

   「**オプション（O）**」の「**エンベロープ（E）**」をチェック ON（☑）にし、 [OK] ボタンを クリック。

   Feature Manager デザインツリーの**アイコン**が**封筒マーク** になります。

4. [**保存**] にて { Chapter12} に <Garage roof> という名前で保存します。

5. [**クローズボックス**] を クリックして部品 { Roof layout} を閉じます。

👍 *POINT* **エンベロープに変更**

アセンブリに挿入した構成部品を**エンベロープに変更**できます。(※SOLIDWORKS2013 以降の機能です。)

1. グラフィックス領域または Feature Manager デザインツリーで**エンベロープにする構成部品**を
   🖱 右クリックし、メニューより ▣ [**構成部品プロパティ**] を 🖱 クリック。

2. 『**構成部品プロパティ**』ダイアログが表示されるので、「**エンベロープ**」をチェック ON（☑）にします。
   部品表から除外する場合は、「**アセンブリを部品として保存**」で「**常に除外**」を ◉ 選択します。

   [OK(K)] を 🖱 クリックすると、Feature Manager デザインツリーのアイコンが**封筒マーク** ✉ に
   なります。**ボディがある場合**、グラフィックス領域で**透明な青色で表示**します。

👍 *POINT* **エンベロープの挿入**

SOLIDWORKS2012 以前のバージョンは、以下の手順で部品を**エンベロープとして挿入**します。

1. アセンブリのメニューバー [**挿入（I）**] > [**エンベロープ（E）**] > [**ファイル指定（F）**] を 🖱 クリック。

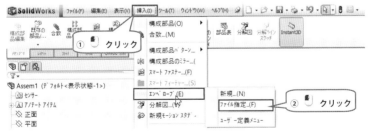

2. 『**開く**』ダイアログで**エンベロープとして挿入するファイル**を選択し、[開く｜▼] を 🖱 クリック。

3. アセンブリのグラフィックス領域でエンベロープ部品を**配置する位置**で 🖱 クリック。

12.3.2 新規部品の作成

アセンブリ内に**新規部品を作成**し、**レイアウトスケッチを参照して**モデリングします。

作成した部品は**アセンブリ内に保存**され、**仮想構成部品（または内部部品）**といいます。

1. Command Manager【アセンブリ】タブより 🗐［構成部品の挿入］下の ⌄ を 🖱 クリックして**展開**し、
   🖐［**新規部品**］を 🖱 クリック。

   または、**ショートカットツールバー**より 🖐［**新規部品**］を 🖱 クリック。

   グラフィックス領域で ⬜Sと を押すと、**ショートカットツールバー**が表示されます。

2. Feature Manager デザインツリーに《 🖐 **(固定)［Part1^ Garage roof］＜1＞**》が追加され、
   ステータスバーに「**新しい部品を配置する面または平面を選択して下さい。**」と表示されます。

   今回は新規部品でスケッチを作成しないので ⬜ESC を押します。

3. 新規部品の**名前を変更**します。

   Feature Manager デザインツリーから《 🖐 **(固定)［Part1^ Garage roof］＜1＞**》を
   ゆっくり 2 回 🖱🖱 クリック、または ⬜F2 を押すと**フィーチャー名が枠で囲われてキーボードで編集可能**に
   なります。＜**Flame**＞と⌨入力し、⬜ENTER を押して確定します。

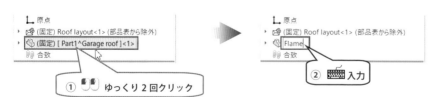

4. 🖐［**新規部品**］を 🖱 クリックし、⬜ESC を押して新規部品（仮想構成部品）を作成します。
   名前を＜**Roof**＞に変更します。

12.3.3 仮想構成部品の編集①

アセンブリの中で《⑮(固定)［Flame^Garage roof］＜1＞》を**編集状態**にし、**レイアウトスケッチを参照して**
フィーチャーを作成してみましょう。

1. Feature Manager デザインツリーより《⑮(固定)［Flame^Garage roof］＜1＞》を 🖱 クリックし、
コンテキストツールバーより 🖉 ［**部品編集（A）**］を 🖱 クリック。

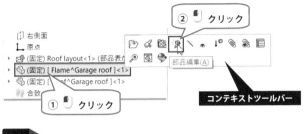

参照　　　　アセンブリ入門　3.3.1 アセンブリ内で編集 (P74)

確認コーナーには 🪁 ［構成部品編集］が表示され、Feature Manager デザインツリーでは**編集中の構成**
部品が青色のテキストで表示されます。

2. スケッチ輪郭を**レイアウトスケッチからコピーして作成**します。
Command Manager【**スケッチ**】タブより ▢ ［**スケッチ**］下の ･ を 🖱 クリックして**展開**し、
▢ ［**3D スケッチ**］を 🖱 クリック。

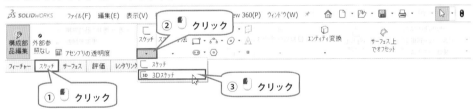

スケッチが編集中になり、**確認コーナー**に ◥✓［**スケッチ終了**］が表示されます。

3. Command Manager【**スケッチ**】タブの ▢ ［**エンティティ変換**］を 🖱 クリック。

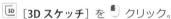

Chapter12 **トップダウンアセンブリの基本**　**15**

4. Property Manager に「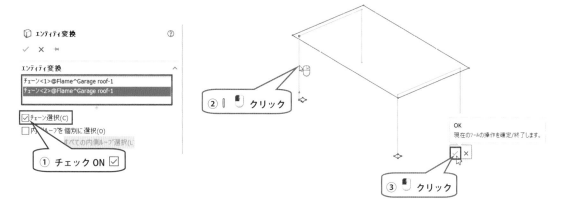エンティティ変換」が表示されます。

「**チェーン選択（C）**」をチェック ON（☑）にし、グラフィックス領域より下図に示す∥**直線エンティティ**を

🖱 クリックして選択し、☑[**OK**]ボタンを🖱 クリック。

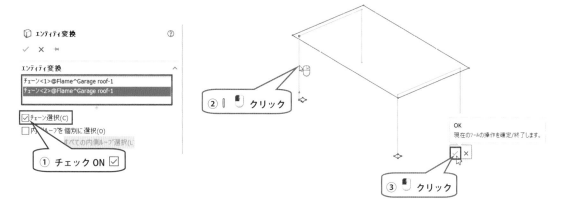

5. レイアウトスケッチの**直線エンティティがアクティブなスケッチにコピー**されます。

確認コーナーの ⌎⟶[**スケッチ終了**]を🖱 クリック。

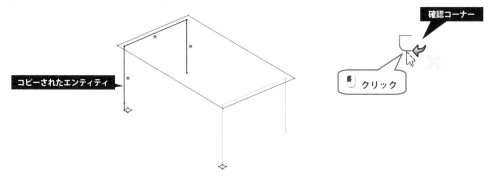

6. Feature Manager デザインツリーの《🕸 (固定)**Flame^Garage roof**] <1>->》に《🔲 **3D スケッチ 1->**》が

作成されます。**名前**を<**パス**>に**変更**します。

7. Command Manager【スケッチ】タブより □ [スケッチ] 下の ˙ を 🖱 クリックして**展開し**、
   ㉞ [**3D スケッチ**] を 🖱 クリック。

8. Command Manager【スケッチ】タブの 🔲 [**エンティティ変換**] を 🖱 クリック。

9. グラフィックス領域左上の**フライアウトツリー**を ▼展開し、《🗺 (固定)Roof layout》の《□ □200》を
   🖱 クリックして ✓ [**OK**] ボタンを 🖱 クリック。
   レイアウトスケッチの**矩形がアクティブなスケッチにコピー**されます。

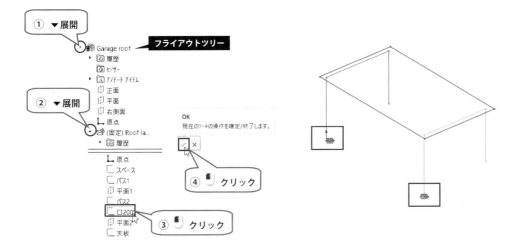

10. **確認コーナー**の ↳✍ [**スケッチ終了**] を 🖱 クリック。

11. Feature Manager デザインツリーの《🗺 (固定)**Flame^Garage roof**] <1>->》に《㉞ **3D スケッチ 2->**》が
    作成されます。**名前**を<**輪郭**>に**変更**します。

12. Feature Manager デザインツリーまたはグラフィックス領域から《🗺 (固定)**Roof layout<1>**》を
    🖱 クリックし、**コンテキストツールバー**より ✎ [**構成部品非表示**] を 🖱 クリック。

参照　アセンブリ入門　3.2.1 構成部品の表示／非表示 (P70)

13. 作成した**2つのスケッチを使用してスイープフィーチャーを作成**します。

　　Command Manager【**フィーチャー**】タブの 🖊 [**スイープ**] を 🖱 クリック。

14. Property Manager に「🖊 **スイープ**」が表示されます。

　　⌐⁰ 「**輪郭**」の**選択ボックス**が**アクティブ**になっているので、グラフィックス領域より《⌐ **輪郭**》を
🖱 クリックして選択します。

　　⌐ 「**パス**」の**選択ボックス**が**アクティブ**になるので、グラフィックス領域より《⌐ **パス**》を 🖱 クリックし
て選択します。プレビューを確認して ✓ [**OK**] ボタンを 🖱 クリック。

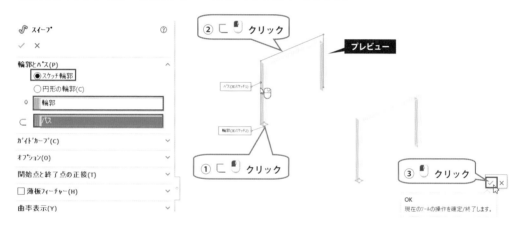

15. 🐾 [**構成部品編集**] を 🖱 クリックして**部品の編集を終了**します。

12.3.4　仮想構成部品の編集②

アセンブリの中で《 ⁂ (固定)［Roof＾Garage roof］＜1＞》を**編集状態**にし、**レイアウトスケッチを参照して**
フィーチャーを作成してみましょう。

1. Feature Manager デザインツリーより《 ⁂ (固定)［Roof＾Garage roof］＜1＞》を 🖱 クリックし、
   コンテキストツールバーより 🔧 ［**部品編集（A）**］を 🖱 クリック。

2. **非表示にしたエンベロープ構成部品を表示**させます。
   Feature Manager デザインツリーまたはグラフィックス領域から《 ⌂ (固定)Roof layout＜1＞》を
   🖱 クリックし、**コンテキストツールバーより** 👁 ［**構成部品を表示**］を 🖱 クリック。

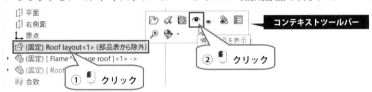

> **参照**　　アセンブリ入門　3.2.1 構成部品の表示／非表示 (P70)

3. Feature Manager デザインツリーより《 ⌂ (固定)Roof layout＜1＞》の《 ⊞ **平面2**》を 🖱 クリックし、
   コンテキストツールバーより ⌥ ［**スケッチ**］を 🖱 クリック。

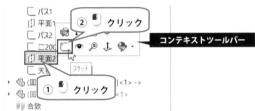

4. Command Manager 【**スケッチ**】タブの ⊡ ［**エンティティ変換**］を 🖱 クリック。

5. Property Manager に「 ⊡ **エンティティ変換**」が表示されます。
   「**チェーン選択（C）**」をチェック ON（☑）にし、グラフィックス領域より下図に示す ‖ **直線エンティティ**を
   🖱 クリックして選択し、 ✓ ［**OK**］ボタンを 🖱 クリック。

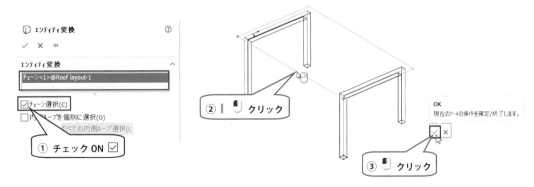

6. Command Manager【フィーチャー】タブより  [押し出しボス／ベース] を クリック。

7. Property Manager「 ボス-押し出し」が表示されます。

「押し出し状態」より［ブラインド］を選択し、 「深さ／厚み」に＜ I O O ENTER ＞と 入力します。
プレビューを確認して ✓ ［OK］ボタンを クリック。

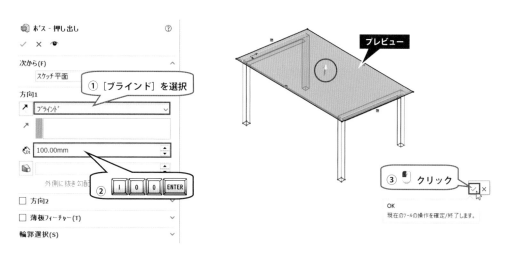

8. [構成部品編集] を クリックして部品の編集を終了します。

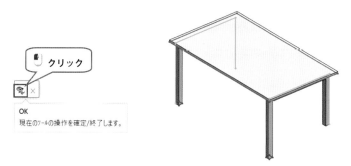

9. Feature Manager デザインツリーまたはグラフィックス領域から《 (固定)Roof layout＜1＞》を
 クリックし、コンテキストツールバーより ＼ ［構成部品非表示］を クリック。

10. ヘッズアップビューツールバーの  [外観編集] を使用して**任意の外観を設定**します。

外観編集
モデルのエンティティの外観を編集します。エンティティのグループに割り当てられた外観を編集すると、すべてのエンティティの外観が更新されます。テクスチャマッピングや色などの外観プロパティを編集できます。

11. 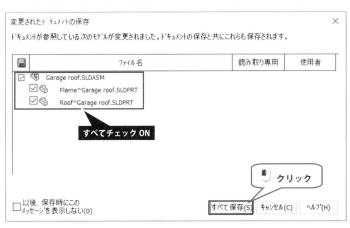 [保存] を クリックすると、『**変更されたドキュメントの保存**』ダイアログが表示されます。

このダイアログは、**前回の保存後に仮想構成部品を追加した場合に表示**されます。

「ファイル名」には**アセンブリと2つの仮想構成部品のファイル名が表示**され、すべてチェック ON（☑）になっています。**保存から除外する場合**は、チェック OFF（☐）にします。

すべてチェック ON（☑）のままで すべて保存(S) を クリック。

変更されたドキュメントの保存
ドキュメントが参照している次のモデルが変更されました。ドキュメントの保存と共にこれらも保存されます。

💾	ファイル名	読み取り専用	使用者
☑	🔷 Garage roof.SLDASM		
☑	🔷 Flame^Garage roof.SLDPRT		
☑	🔷 Roof^Garage roof.SLDPRT		

すべてチェック ON

クリック

☐ 以後、保存時にこの
メッセージを表示しない(D)   すべて保存(S) キャンセル(C) ヘルプ(H)

12. 『**指定保存**』ダイアログが表示されます。

アセンブリに仮想構成部品がある場合に表示され、アセンブリの内部に保存するか、外部に保存するかを選択します。デフォルトでは「**内部に保存（アセンブリ内で）(N)**」が◉選択されているので、 OK(K) を クリックして**内部に保存**します。

指定保存
このアセンブリは保存されるべき未保存の仮想構成部品を含みます
◉ 内部に保存(アセンブリ内で)(N)
○ 外部に保存(パス指定)(E)
☐ 以後、このメッセージを表示しない(D)

クリック

OK(K)   キャンセル(C)

13. {🏠 **Garage**} と {🏠 **Garage roof**} のウィンドウを左右に並べます。

メニューバーの［**ウィンドウ（W）**］＞ ▢ ［**左右に並べて表示（V）**］を 🖱 クリック。

（※ {🏠 **Garage**} を閉じた場合は開いてください。）

14. {🏠 **Garage roof**} ウィンドウの Feature Manager デザインツリーで**トップレベル**を 🖱 ドラッグ。

{🏠 **Garage**} ウィンドウの Feature Manager デザインツリーの**トップレベル**で 🖱 ドロップ。

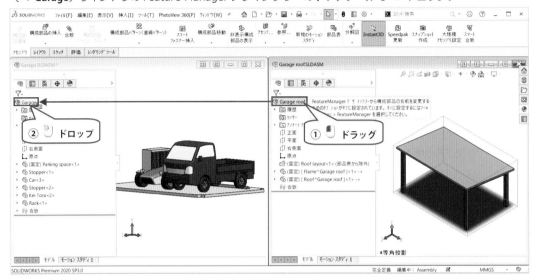

| 参照 | アセンブリ入門　2.3.3 開いたドキュメントからドラッグする (P20) |

15. {🏠 **Garage**} の**原点位置**に《🏠 **(-)Garage roof<1>**》が**挿入**されます。

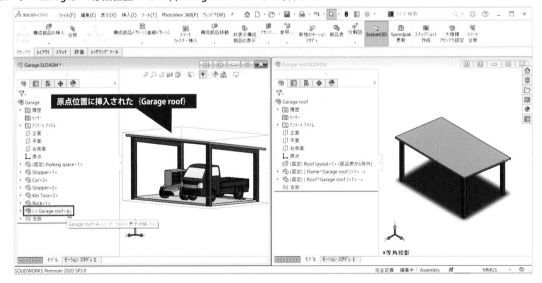

16. 🖫 ［**保存**］にて {🏠 **Garage**} を**上書き保存**し、関連するファイルをすべて閉じます。

（※完成モデルはダウンロードフォルダー { 📁 **Chapter12**} ＞ { 📁 **FIX**} に保存されています。）

Chapter13
新規部品作成と外部参照

アセンブリ内での新規部品作成、外部参照を使用した部品の作成、外部参照の確認や削除などを説明します。

新規部品の挿入と位置決め

► 新規部品の挿入

► 原点の移動

外部参照によるフィーチャー作成

► 押し出しフィーチャー①

► 押し出しフィーチャー②

► 外部参照の駆動

外部ファイルとして保存

外部参照の確認

外部参照の中と外

外部参照の削除

► スケッチの外部参照を削除

► フィーチャーの外部参照を削除

部品の詳細設計

13.1 新規部品の挿入と位置決め

アセンブリ内に**新規部品を挿入**し、**位置決めする方法**について説明します。

13.1.1 新規部品の挿入

既存のアセンブリに新規部品を作成するには、[**新規部品**] を使用します。

1. ダウンロードフォルダー { 📁 **Chapter13**} よりアセンブリ { 🎡 **Bicycle handle**} を開きます。

Bicycle handle.SLDASM

アセンブリの { 📁 **レイアウト**} フォルダーに 2 つの参照平面と 2 つのレイアウトスケッチがあることを確認します。これらを参照して新規部品を作成していきます。

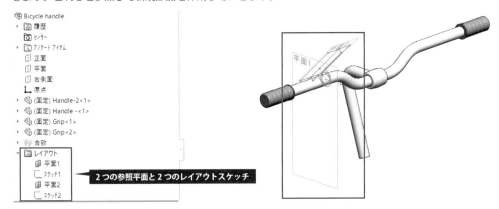

2. 既存のアセンブリに新規部品を挿入します。

   Command Manager 【**アセンブリ**】 タブより 📦 [**構成部品の挿入**] 下の ⌄ を 🖱 クリックして展開し、🖐 [**新規部品**] を 🖱 クリック。

3. Feature Manager デザインツリーに 《🖐 **(固定)** [**Part*^Bicycle handle**] **<1>**》 が追加され、**ステータスバー**に「**新しい部品を配置する面または平面を選択して下さい。**」と表示されます。

   今回は新規部品でスケッチを作成しないので [ESC] を押します。

4. **部品の名前**を <**Smartphone case**> に変更します。

13.1.2 原点の移動

新規部品の《↳原点》を**レイアウトスケッチの点を参照して移動**します。

1. 原点を移動する前に**固定状態を解除**します。

    Feature Manager デザインツリーに《🌐(固定)[Smartphone case^Bicycle handle]》を 🖱 右クリックし、メニューより[**非固定（S）**]を 🖱 クリック。

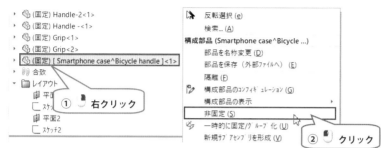

2. Command Manager【**アセンブリ**】タブより 📎 [**合致**]を 🖱 クリック。

3. Property Manager に「📎 合致」の【**合致**】タブが表示されます。

    グラフィックス領域左上の**フライアウトツリー**を▼展開し、《🌐(-)[Smartphone case^Bicycle handle]》の《↳原点》、グラフィックス領域より下図に示す◉点を 🖱 クリックして選択します。

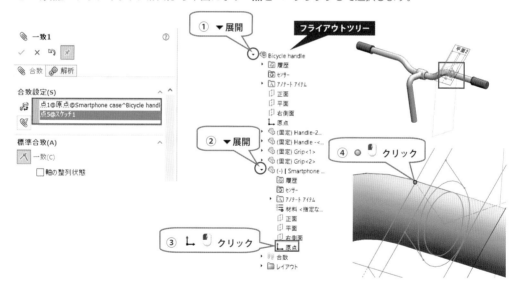

4. **クイック合致状況依存ツールバー**の ✓ [**合致の追加/終了**]を 🖱 クリックすると、選択した◉点まで《🌐(-)[Smartphone case^Bicycle handle]》の↳原点が**移動**します。

5. フライアウトツリーより《🖦 (-)［**Smartphone case^Bicycle handle**］》の《 平面》、
   { レイアウト} フォルダーの《 **平面2**》を クリックして選択します。

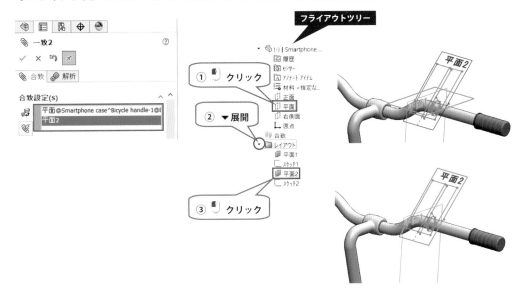

6. **クイック合致状況依存ツールバー**の ✓［**合致の追加／終了**］の クリックすると、選択した**2つの参照平面が一致**します。

7. Property Manager または**確認コーナー**の ✓［**OK**］ボタンを クリックして ［**合致**］を終了します。

13.2 外部参照によるフィーチャー作成

レイアウトスケッチを参照して**仮想構成部品にスケッチとフィーチャーを作成**します。

13.2.1 押し出しフィーチャー①

レイアウトスケッチを [エンティティ変換] でコピーし、これを**押し出してソリッドボディを作成**します。

1. Feature Manager デザインツリーより《 (-) [Smartphone case^Bicycle handle] <1>》を クリックし、**コンテキストツールバー**より [部品編集（A）] を クリック。

2. Feature Manager デザインツリーより《 (-) [Smartphone case^Bicycle handle] <1>》の《 平面》を クリックし、**コンテキストツールバー**より [スケッチ] を クリック。

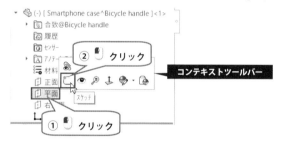

3. Command Manager【スケッチ】タブの [エンティティ変換] を クリック。

4. Property Manager に「 エンティティ変換」が表示されます。

   グラフィックス領域左上の**フライアウトツリー**を 展開し、{ レイアウト} フォルダーの《 スケッチ2》を クリックして選択し、 [OK] ボタンを クリック。

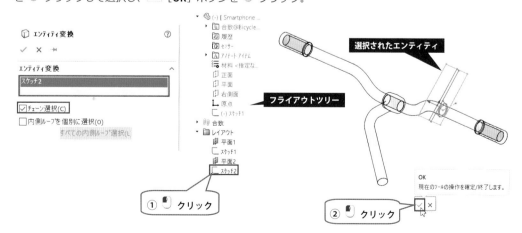

5. Command Manager【フィーチャー】タブより 🖼 [押し出しボス／ベース] を 🖱 クリック。

6. Property Manager「🖼 ボス-押し出し」が表示されます。
   下図に示すレイアウトスケッチの●点を 🖱 クリックして選択し、プレビューを確認して ☑ [OK] ボタン
   を 🖱 クリック。

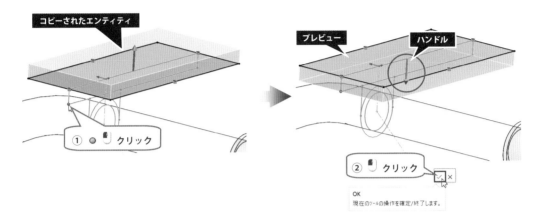

13.2.2 押し出しフィーチャー②

2つ目のソリッドボディも押し出しフィーチャー①と同様の方法で作成します。

1. Feature Manager デザインツリーより《🖼 (-) [**Smartphone case*^Bicycle handle**]》の《🖼 **正面**》を
   🖱 クリックし、**コンテキストツールバー**より 🖼 [**スケッチ**] を 🖱 クリック。

2. Command Manager【スケッチ】タブの 🖼 [**エンティティ変換**] を 🖱 クリック。

3. Property Manager に「🖼 **エンティティ変換**」が表示されます。
   グラフィックス領域左上の**フライアウトツリー**を▼展開し、{🖼 **レイアウト**} フォルダーの《🖼 **スケッチ1**》
   を 🖱 クリックして選択し、☑ [**OK**] ボタンを 🖱 クリック。

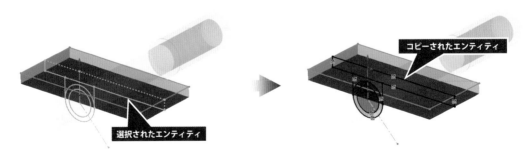

4. Command Manager【フィーチャー】タブより 🗔 [押し出しボス／ベース] を 🖱 クリック。

5. 「輪郭選択（S）」の選択ボックスがアクティブになるので、下図に示す2つの領域を 🖱 クリックして選択します。

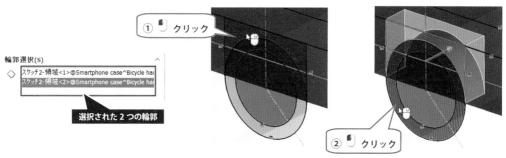

輪郭選択(S)
◇ スケッチ2-領域<1>@Smartphone case^Bicycle han
　 スケッチ2-領域<2>@Smartphone case^Bicycle han

選択された2つの輪郭

① 🖱 クリック

② 🖱 クリック

6. 「押し出し状態」より [中間平面] を選択し、🔩 「深さ／厚み」に <**2** **0** **ENTER**> と ⌨ 入力します。
「結果のマージ（M）」をチェック OFF（□）にし、プレビューを確認して ✓ [OK] ボタンを 🖱 クリック。

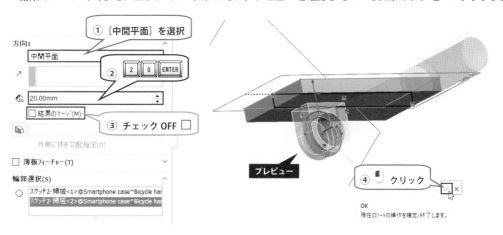

① [中間平面] を選択

方向1
中間平面

② **2** **0** **ENTER**

🔩 20.00mm

□ 結果のマージ(M)

③ チェック OFF □

外側に抜き勾配指定(O)

□ 薄板フィーチャー(T)

輪郭選択(S)
◇ スケッチ2-領域<1>@Smartphone case^Bicycle han
　 スケッチ2-領域<2>@Smartphone case^Bicycle han

プレビュー

④ 🖱 クリック

OK
現在のツールの操作を確定/終了します。

7. 🐾 [構成部品編集] を 🖱 クリックして**部品の編集を終了**します。

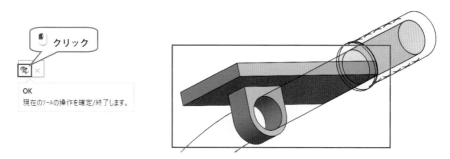

🖱 クリック

OK
現在のツールの操作を確定/終了します。

アセンブリ内または別の構成部品のスケッチや参照平面などを参照してフィーチャーを作成した場合、**スケッチ やフィーチャーに外部参照が作成**されます。参照先で変更があった場合、フィーチャーは**自動的に更新**されます。

1. 参照元である**レイアウトスケッチを変更**し、**仮想構成部品が自動的に更新されること**を確認します。

   ｛ **レイアウト**｝フォルダーの《 **スケッチ 1**》を クリックしてグラフィックス領域に寸法を表示させ ます。下図に示す**寸法**を< 1 3 0 >に**変更**します。

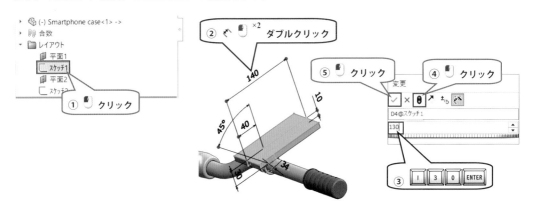

2. 仮想構成部品の**押し出しボスの大きさが変わること**を確認します。

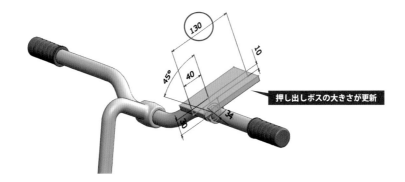

押し出しボスの大きさが更新

13.3 外部ファイルとして保存

アセンブリの内部に保存された仮想構成部品（内部部品）は、アセンブリを開かないと見ることも編集することもできません。これは**外部ファイルとして保存**することで、従来の部品ファイルと同じように扱うことが可能になります。作成した 2 つの**仮想構成部品を外部ファイルとして保存**してみましょう。

1. Feature Manager デザインツリーに《 🦶 (-)［**Smartphone case^Bicycle handle**］＜1＞》を 🖱 右クリックし、メニューより［**部品を保存（外部ファイルへ）（E）**］を 🖱 クリック。

2. 「**指定保存**」ダイアログが表示されます。アセンブリと同じフォルダーに保存するには アセンブリと同じ(S) を 🖱 クリックし、 OK(K) を 🖱 クリック。

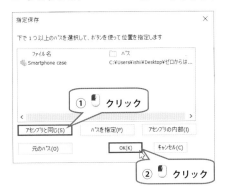

3. Feature Manager デザインツリーを確認します。
   《 🦶 (-)［**Smartphone case^Bicycle handle**］》から ［ ］ **がなくなり**、《 🦶 (-)Smartphone case＜1＞->》になります。これは仮想構成部品が**アセンブリ外部の独立した部品ファイル**となったことを意味します。

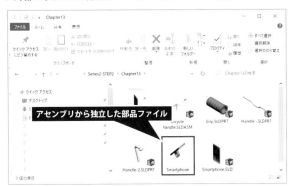

13.4 外部参照の確認

Feature Manager デザインツリーで**外部参照を確認**します。

1. 構成部品名とフィーチャーの後ろに表示されている「->」は、その**構成部品とフィーチャーに外部参照がある**ことを意味しています。

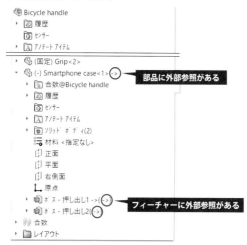

2. 🖫 [**保存**] にて {🕮 **Bicycle handle**} を**上書き保存**して閉じます。

3. ダウンロードフォルダー {📁 **Chapter13**} より**外部に保存した部品** {🕮 **Smartphone case**} を開きます。

Smartphone case.SLDPRT

4. Feature Manager デザインツリーの構成部品名とフィーチャーの「->」の**後ろに「？」が表示**されます。
この**マークは外部参照の状態を示すもの**で、「**？**」は「**参照関係の外にある**」といいます。

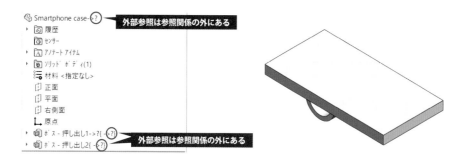

13.5 外部参照の中と外

外部参照が正しく機能している状態を「**参照関係の中にある**」といいます。

それに対し**外部参照が正しく機能できない状態**を「**参照関係の外にある**」といい、「**？**」を表示します。

参照関係の外にある部品を元に戻す場合には、外部参照しているドキュメントを開きます。

1. Feature Manager デザインツリーで《 📦 **ボス-押し出し 1->? {->?}**》を 🖱 右クリックし、

   メニューより［**同じ前後関係で編集（A）**］を 🖱 クリック。

2. メッセージボックスが表示された場合は、 [再構築(R)] を 🖱 クリック。

   部品 { 📦 **Smartphone case**} が**外部参照している**アセンブリ { 📦 **Bicycle handle**} を自動的に開きます。

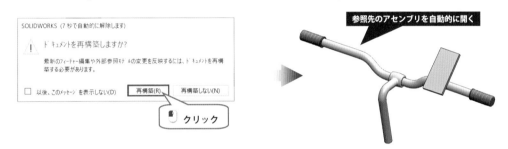

3. { 📦 **Smartphone case**} の Feature Manager デザインツリーで「**？**」マークがなくなったことを確認しま
   す。これは、**外部参照が参照関係の中にある**ことを意味します。

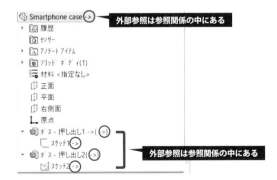

POINT 外部参照のロック

「->」の後ろに「*」マークが表示された場合、それは**外部参照がロックされていることを意味**します。
外部参照がロックされた場合、「**外部参照の更新**」と「**新しい外部参照の追加**」ができません。

1. 外部参照をロックするには、Feature Manager デザインツリーより構成部品またはフィーチャーを
   右クリックし、メニューより [**外部参照（D）**] を クリック。

2. 『**外部参照 *****』ダイアログが表示されます。

   すべてのアイテムをロックする場合は、 全てロック(L) を クリック。

   選択したアイテムをロックする場合は、「**名前**」から**ロックするアイテム**を クリックして選択し、
   選択アイテムをロック(L) を クリック。

   確認のメッセージボックスが表示されるので、 OK を クリック。

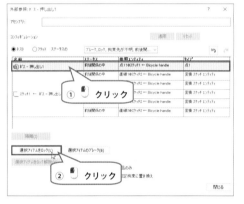

3. 『**外部参照 *****』ダイアログのステータスに「**ロック**」と表示されます。

   閉じる を クリックしてダイアログを閉じると、Feature Manager デザインツリーの「->」の後ろ
   に「*」マークが表示されます。

POINT 外部参照のロック解除

外部参照のロックを解除するには、以下の手順で操作します。

1. Feature Manager デザインツリーよりロックした構成部品またはフィーチャーを 🖱 右クリックし、
   メニューより［**外部参照（C）**］を 🖱 クリック。

2. 『**外部参照 *****』ダイアログが表示されます。

   すべてのアイテムをアンロックする場合は、 [全てロック解除(U)] を 🖱 クリック。

   選択したアイテムをアンロックする場合は、「**名前**」から**アンロックするアイテム**を 🖱 クリックして
   選択し、 [選択アイテムをロック解除(U)] を 🖱 クリック。

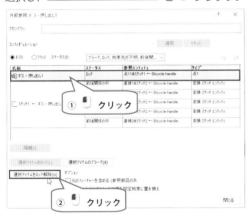

3. 『**外部参照 *****』ダイアログのステータスに「**前後関係の中**」(※または「**前後関係の外**」) と表示されます。

   [閉じる] を 🖱 クリックしてダイアログを閉じると、Feature Manager デザインツリーの「->」の後ろ
   から「*」マークがなくなります。

POINT 外部参照のブレーク

「->」の後ろに「**x**」マークが表示された場合、それは**外部参照がブレークされていることを意味**します。
外部参照がブレークされた場合、「**外部参照の更新**」「**外部参照の復元**」ができません。

1. 外部参照をブレークするには、Feature Manager デザインツリーより構成部品またはフィーチャーを
   右クリックし、メニューより［**外部参照（D)**］を クリック。

2. 『**外部参照 *****』ダイアログが表示されます。

   すべてのアイテムをブレークする場合は、 全てブレーク(B) を クリック。

   選択したアイテムをブレークする場合は、「**名前**」から**ブレークするアイテム**を クリックして選択し、
   選択アイテムのブレーク(B) を クリック。

   確認のメッセージボックスが表示されるので、 OK を クリック。

3. 『**外部参照 *****』ダイアログのステータスに「**ブレーク**」と表示されます。

   閉じる を クリックしてダイアログを閉じると、Feature Manager デザインツリーに「->」の
   後ろに「**x**」マークが表示されます。

13.6 外部参照の削除

部品から**外部参照を削除する方法**を説明します。外部参照は、「**スケッチエンティティ**」「**幾何拘束**」「**寸法拘束**」「**スケッチ平面**」「**フィーチャーの参照アイテム**」などに作成されます。

13.6.1 スケッチの外部参照を削除

[**幾何拘束の表示／削除**]を使用し、スケッチで**外部参照している幾何拘束を削除**します。

1. 《 Smartphone case》を表示します。

   Feature Manager デザインツリーで《スケッチ 1->》を クリックし、**コンテキストツールバーの**[**スケッチ編集**]を クリック。

2. 編集中のスケッチにある**スケッチ拘束をすべて削除**します。

   Command Manager【スケッチ】タブの [**幾何拘束の表示／削除**]を クリック。

3. Property Manager に「 **拘束関係の表示／削除**」が表示されます。

   拘束リストには **4 つの外部参照された幾何拘束**が表示されます。

   全削除(L) を クリックすると、**リストに表示された幾何拘束がすべて削除**されます。

   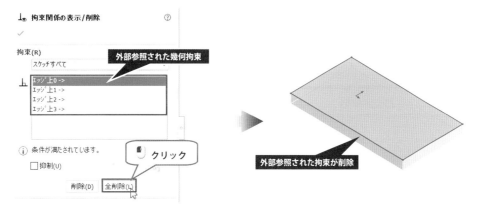

4. Property Manager または**確認コーナー**の [**OK**]を クリックして確定します。

5. スケッチ拘束を再定義します。**幾何拘束と寸法を追加して完全定義**させます。

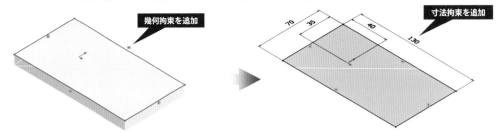

6. **確認コーナー**の [スケッチ終了] を クリック。

Feature Manager デザインツリーの《 **スケッチ1->**》から「->」がなくなります。

7. Feature Manager デザインツリーで《 **スケッチ2->**》を クリックし、**コンテキストツールバー**の

[**スケッチ編集**] を クリック。

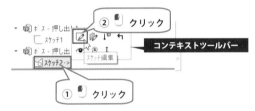

8. Command Manager【**スケッチ**】タブの [**幾何拘束の表示／削除**] を クリック。

9. Property Manager に「 **拘束関係の表示／削除**」が表示されます。

拘束リストには **8 つの外部参照された幾何拘束が表示**されます。

全削除(L) を クリックすると、**リストに表示された幾何拘束がすべて削除**されます。

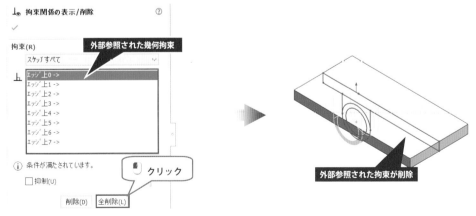

10. Property Manager または**確認コーナー**の [**OK**] を クリックして確定します。

11. Command Manager【スケッチ】タブの  [エンティティのトリム（I）] を 🖱 クリック。

12. Property Manager に「🖉 トリム」が表示されます。

デフォルトでは「**オプション**」の 📐 [**パワートリム**] が 📐 **オン**になっています。

トリムする部分を 🖱 ドラッグして通過し、下図のように**閉じた輪郭**を作成します。

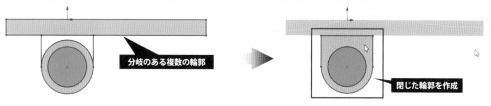

13. Property Manager または**確認コーナー**の ✓ [**OK**] を 🖱 クリックして確定します。

14. スケッチ拘束を再定義します。**幾何拘束と寸法を追加して完全定義**させます。

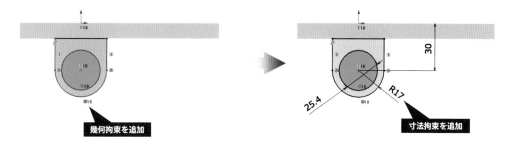

15. **確認コーナー**の ↵ [**スケッチ終了**] を 🖱 クリック。

Feature Manager デザインツリーの《 🖉 **スケッチ 2->**》から「->」がなくなります。

「->」がなくなります

13.6.2 フィーチャーの外部参照を削除

フィーチャーの**外部参照**は、Property Manager で選択した**エンティティが外部にある場合に作成**されます。
エンティティの置き換え、または**オプションの種類を変更する**と**外部参照を削除**できます。

1. 《 ⑩ **ボス-押し出し1**》で作成した**ボスの厚み**を調べます。

    下図に示す ▮ **直線エッジ**を ⬚ クリックすると、**ステータスバー**に「**長さ：10mm**」と表示されます。

2. FeatureManager デザインツリーで《 ⑩ **ボス-押し出し1->**》を ⬚ クリックし、**コンテキストツールバー**
    より ⑳ [**フィーチャー編集**] を ⬚ クリック。

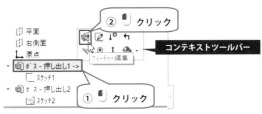

3. 「**押し出し状態**」が [**頂点指定**] で**参照点が外部のアセンブリから選択**（これが外部参照）されています。
    [**ブラインド**] に**変更**し、🔩 「**深さ／厚み**」に <| I | 0 | ENTER |> と ⌨入力します。
    プレビューを確認して ✓ [**OK**] ボタンを ⬚ クリック。

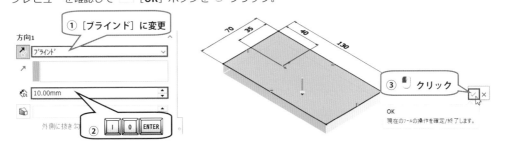

4. FeatureManager デザインツリーの**トップレベル**と《 ⑩ **ボス-押し出し1->**》から「**->**」がなくなります。

POINT スケッチ平面の外部参照を削除

スケッチ平面を外部参照している場合、 [**スケッチ平面編集**] を使用して**スケッチ平面を置き換えること**
により削除します。

1. Feature Manager デザインツリーで《└ **スケッチ**》を クリックし、**コンテキストツールバー**の
   [**スケッチ平面編集**] を クリック。

2. Property Manager「 **スケッチ平面**」が表示されます。
   「**スケッチ平面／面（P）**」には、**外部参照している平面が表示**されます。
   グラフィックス領域または**フライアウトツリー**より**置き換える平面を選択**し、 [**OK**] ボタンを
   クリックすると、スケッチ平面が置き換わります。

 POINT モデルの外部参照の作成を許可

アセンブリにおいて**外部参照を作成するかしないかを設定**できます。

1. **標準ツールバー** [**オプション**] を クリック。
   または**メニューバー**の [**ツール（T）**] > [**オプション（P）**] を クリック。

2. 『**システムオプション（S）**』ダイアログが表示されるので [**外部参照**] を クリック。

3. 「**アセンブリ**」の「**モデルの外部参照の作成を許可（N）**」をチェック ON（☑）／OFF（☐）で有効無効
   を切り替えます。デフォルトは有効（チェック ON（☑））です。

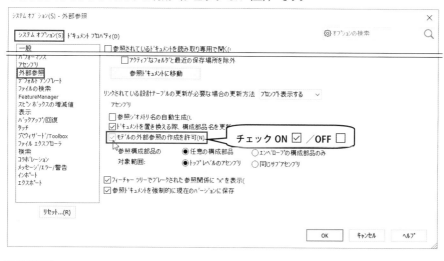

4. OK を クリックしてダイアログを閉じます。

13.7 部品の詳細設計

概略形状が決まり、外部参照が削除されたので細かな部分の処理を追加して部品を完成させます。

1. 《正面》に下図に示す三角形のスケッチ輪郭を作成し、[押し出しカット]を使用して全貫通で両方向にカットします。

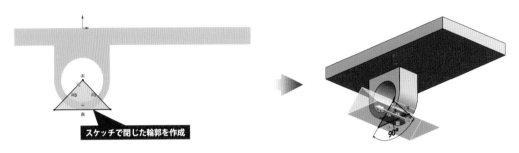

スケッチで閉じた輪郭を作成

2. [フィレット]の[フルラウンドフィレット]を使用し、下図に示す箇所にフィレットを作成します。

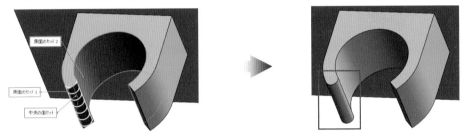

3. 反対側にも[フルラウンドフィレット]でフィレットを作成します。

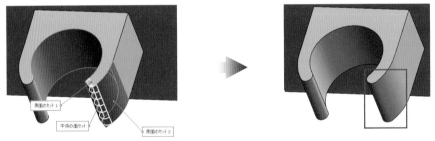

4. [フィレット]の[固定サイズフィレット]を使用し、下図に示す2つの正接エッジにR1mmのフィレットを作成します。

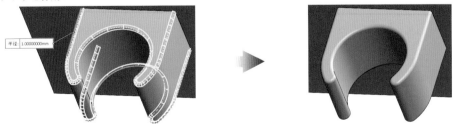

5. ⬡ [フィレット] の ⬡ [固定サイズフィレット] を使用し、下図に示す **4 つのエッジに R10mm の フィレットを作成**します。

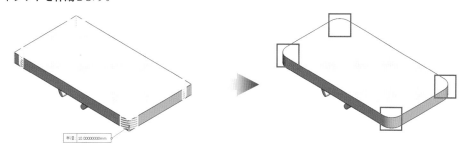

6. ⬡ [フィレット] の ⬡ [固定サイズフィレット] を使用し、下図に示す**正接エッジに R2mm の フィレットを作成**します。

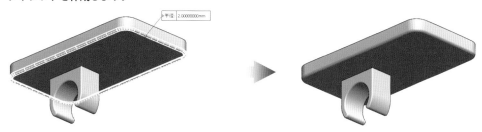

7. ⬡ [シェル] を使用し、**厚み 1mm でボックス形状のソリッドボディをくり抜き**ます。

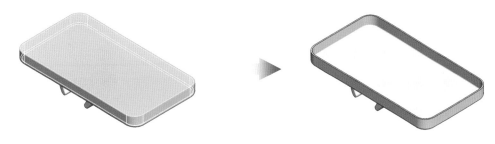

⬡ [外観編集] で任意の外観を設定し、🖫 [保存] にて｛🌐 Smartphone case｝を上書き保存して閉じます。

8. 《🗂 合致》 フォルダーより **既存の合致をすべて削除**します。

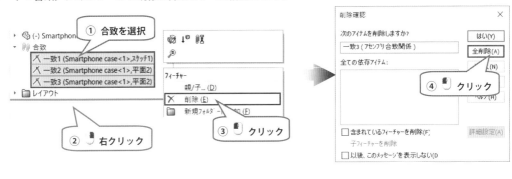

参照　アセンブリ入門　3.1.3　合致の削除 (P68)

9. 《🗂 (-)Smartphone case》 に ◎ [同心円] を**追加**します。

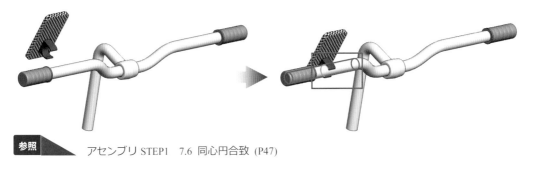

参照　アセンブリ STEP1　7.6　同心円合致 (P47)

10. ダウンロードフォルダー {📁 Chapter13} より部品 {🗂 Smartphone} を挿入し、《🗂 (-)Smartphone case》 に取り付けます。(※下図は、スマートフォンの画面部分に 🔲 [外観編集] で写真を張り付けています。)

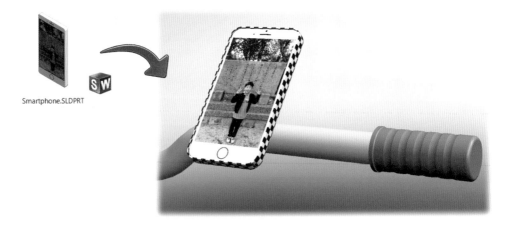

Smartphone.SLDPRT

11. 🖫 [保存] にて {🗂 Bicycle handle} を**上書き保存**し、関連するファイルをすべて閉じます。
　　(※完成モデルはダウンロードフォルダー {📁 Chapter13} > {📁 FIX} に保存されています。)

Chapter14
レイアウトベースのアセンブリ

レイアウトベースのアセンブリ設計、ブロックの作成や保存などについて説明します。

レイアウトベースのアセンブリ設計

▶ レイアウト作成

▶ ブロック作成

▶ ハッチング作成（ブロックの編集）

▶ ブロックの保存

▶ ブロックの挿入

▶ モーションスタディ

ブロックから部品作成

▶ ブロックから仮想構成部品を作成

▶ 部品の編集（*Base*）

▶ 部品の編集（*Arm-1*）

▶ 部品の編集（*Arm-2*）

▶ 部品の編集（*Bucket*）

▶ 外部に保存

ボトムアップでアセンブリ作成

▶ 新規アセンブリの作成と固定部品の配置

▶ 構成部品の挿入と合致

▶ モデルチェック

14.1 レイアウトベースのアセンブリ設計

レイアウトベースのアセンブリ設計は、**トップダウンとボトムアップ両方の設計手法が使用可能**です。
履歴に基づいた制約を受けないので、アセンブリの構造や構成部品の試行、変更を頻繁に行う構想設計の
プロセスで役立ちます。**ベースとなるレイアウト**は、**アセンブリ内のレイアウト環境で作成**します。

14.1.1 レイアウト作成

新規にアセンブリを作成し、**レイアウト環境でレイアウトを作成**してみましょう。

1. **標準ツールバー**の ⬚ [**新規**] を 🖱 クリック。

2. 『**新規 SOLIDWORKS ドキュメント**』ダイアログが表示されるので、 ⬚ [**アセンブリ**] を 🖱 クリックし、
   ⬚ OK ⬚ を 🖱 クリック。

3. 『**開く**』ダイアログが表示されるので、 ⬚ キャンセル ⬚ を 🖱 クリック。
   (※バージョンによりダイアログは表示されません。)

4. Property Manager に「 ⬚ **アセンブリを開始**」が表示されます。
   ⬚ レイアウト作成(L) ⬚ を 🖱 クリックすると、**トップダウン設計するためのレイアウト環境に移行**します。
   格子グリッドが表示され、Feature Manager デザインツリーに《 ⬚ (-)レイアウト》が追加されます。
   Command Manager に ⬚ [**レイアウト作成**]、**確認コーナー**に ⬚ が表示されます。

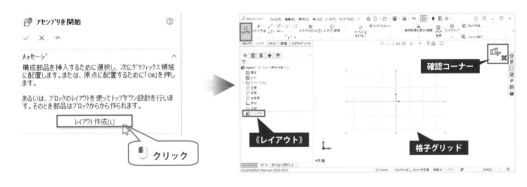

レイアウト環境で部品の概略形状を作成し、これを**グループ化したオブジェクト**にします。これを**ブロック**といい、レイアウト環境でモーションに使用できます。**ブロックを作成**し、**モーションで動作を確認**してみましょう。

1. 下図に示す**閉じた輪郭と円**を　[**直線**] と　[**円**] を使用して作成します。

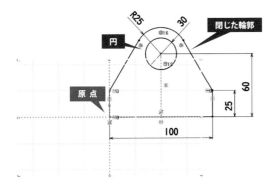

2. **閉じた輪郭と円**を**範囲選択**し、**コンテキストツールバー**より　[**ブロック作成**] を　クリック。

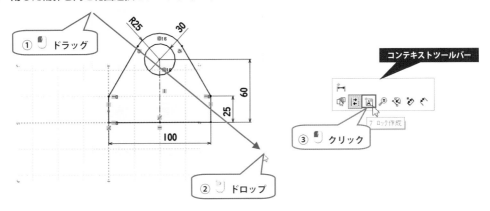

3. Property Manager に「　**ブロックの作成**」が表示されます。

   「**ブロックエンティティ（B）**」には、**選択したエンティティがリスト表示**されます。

   「**挿入点（I）**」を　クリックして**展開**すると、グラフィックス領域に**マニピュレータ**「」を**表示**します。

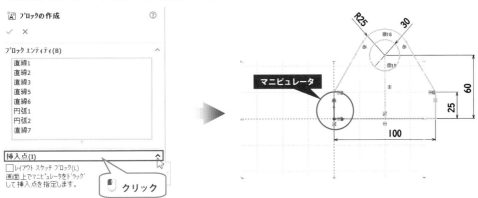

4. **マニピュレータの位置**は、ブロックをレイアウトに挿入する際の**基準点**であり、スケール変更や回転する際の基準点でもあります。**移動する場合**は、┗**マニピュレータを** 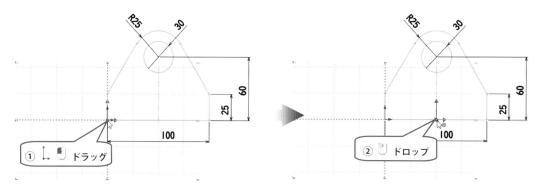 ドラッグして**移動先**で ドロップします。下図に示す**水平な直線エンティティの中点に移動**します。

5. Property Manager または**確認コーナー**の ✓ ［**OK**］を クリックして確定します。

Feature Manager デザインツリーに《 ブロック 1-1 》が追加されます。

ブロックは**非編集状態**になり、**スケッチ拘束は非表示**、ブロック化した**輪郭はグレーで表示**します。

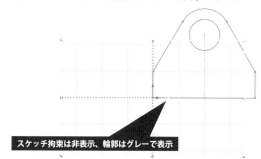

6. **非編集状態のブロックにはまだ幾何拘束はない**ので、ブロックをドラッグすると**移動や回転が可能**です。

ブロックの**任意のエンティティ**を ドラッグして**移動**します。

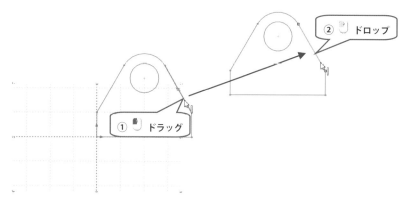

7. ブロックの ◉ **挿入点**を 🖱 ドラッグし、↳ **原点**へ 🖱 ドロップして ⚔ ［一致］の拘束を追加します。

さらに回転しないように**水平な**‖ **直線エンティティ**に ― ［水平］の拘束を追加します。

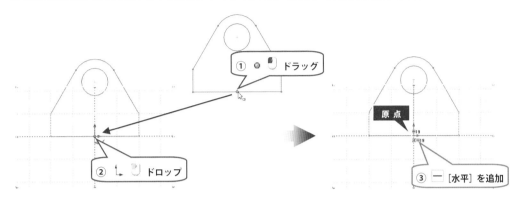

8. **ブロックの名前を変更**します。

Feature Manager デザインツリーから《🖿 **ブロック 1-1**》をゆっくり 2 回 🖱🖱 クリック、

または ［F2］ を押して <**Base**> と ⌨ 入力し、［ENTER］ を押して確定します。

9. **2 つ目のブロック**を《🖿 **Base**》に**重ならない位置で作成**します。

下図に示す**閉じた輪郭と 2 つの円**を ✏ ［直線］と ⊙ ［円］を使用して作成します。

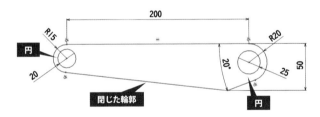

10. **閉じた輪郭と 2 つの円**を範囲選択し、**コンテキストツールバー**より 🅰 ［**ブロック作成**］を 🖱 クリック。

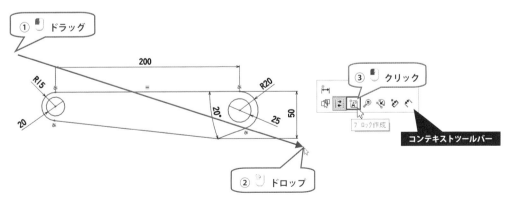

11. Property Manager に「 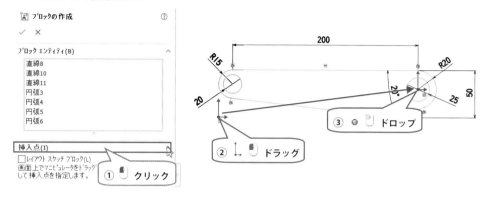 ブロックの作成」が表示されます。

「**挿入点（I）**」を クリックして**展開**し、マニピュレータを ドラッグして下図に示す◎点に ドロップして**移動**します。

12. Property Manager または**確認コーナー**の ✓ ［**OK**］を クリックして確定します。

Feature Manager デザインツリーに《 ブロック 2-1》が追加されます。

13. **ブロックの名前を変更**します。

Feature Manager デザインツリーから《 ブロック 2-1》をゆっくり 2 回 クリック、

または F2 を押して <**Arm-1**> と入力し、ENTER を押して確定します。

14. 《 **Arm-1**》に**拘束を追加**します。《 **Arm-1**》の◎**挿入点**を ドラッグし、《 **Base**》の◎**挿入点**で ドロップして ［**一致**］の**拘束を追加**します。

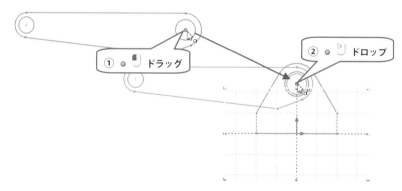

15. Command Manager の ［**レイアウト作成**］、または**確認コーナー**の を クリックして **レイアウト作成を終了**します。

OR

16. **ブロックに関連する幾何拘束**は｛ ⏸ **合致**｝ フォルダーに**保存**されます。

《 🅰 Arm-1》の**任意のエンティティ**を 🖱 ドラッグし、**モーションを確認**します。

《 🅰 Base》は、**原点位置**に**水平**に**固定**されているので動きません。

17. 💾 [**保存**] にて｛ 📁 **Chapter14**｝ に <**Bucket arm**> という名前で保存します。

👉 *POINT* **レイアウト環境への移行**

レイアウト環境に移行するには、次の 3 つの方法があります。

方法 1

Command Manager 【**スケッチ**】タブより 🔲 [**レイアウト作成**] を 🖱 クリックします。

方法 2

Feature Manager デザインツリーで**既存のブロック**を 🖱 右クリックし、メニューより 🔲 [**レイアウト (A)**] を 🖱 クリックします。

方法 3

グラフィックス領域で**既存の** 🅰 **ブロック**を 🖱 ×2 ダブルクリックします。

（※ 🔲 [**Instant3D**] が**有効**になっている必要があります。）

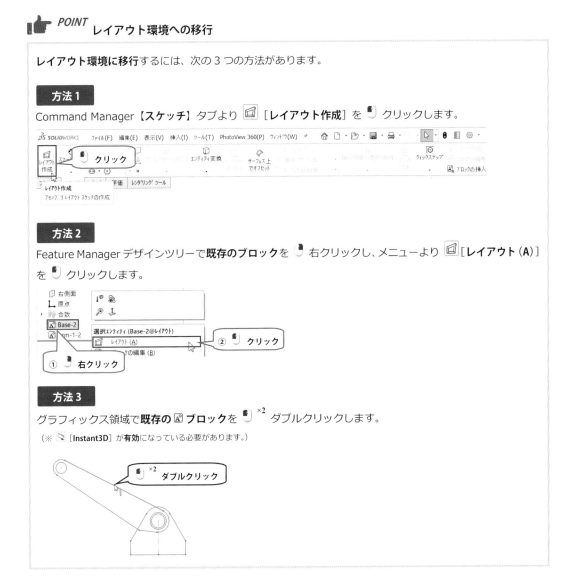

14.1.3 ハッチング作成（ブロックの編集）

 ［領域のハッチング／フィル（**T**）］を使用すると、**ブロック化したジオメトリにハッチングを追加**できます。
ブロックの編集は、  ［**ブロックの編集（B）**］を使用します。

1. Feature Manager デザインツリーから《 🖾 **Arm-1-2**》を 🖱 右クリックし、メニューより
   🖾 ［**ブロックの編集（B）**］を 🖱 クリック。（※ブロック名の「-2」は自動的に付与されます。）

2. メニューバーの［挿入（**I**）］＞［アノテートアイテム（**A**）］＞  ［**領域のハッチング／フィル（T）**］を
   🖱 クリック。

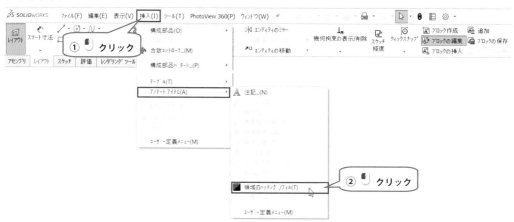

3. Property Manager に「  **領域のハッチング／フィル**」が表示されます。
   ここではハッチングの**プロパティを設定**し、**ハッチングする領域を指定**します。
   デフォルトの設定でブロック全体を範囲選択します。

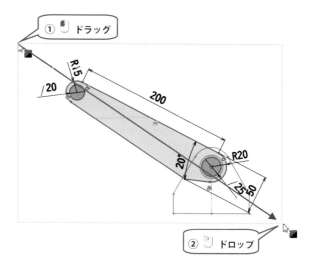

4. **ブロックの輪郭内にハッチングが作成されたことを確認**します。

範囲選択した領域に**入れ子となる閉じた輪郭がある場合**、ハッチングは**自動的に回避**します。

Property Manager または**確認コーナー**の ✓ [OK] を 🖱 クリックして確定します。

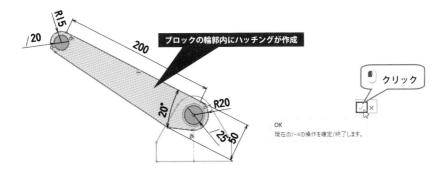

5. **確認コーナー**の 🅰 を 🖱 クリックして**ブロックの編集を終了**します。

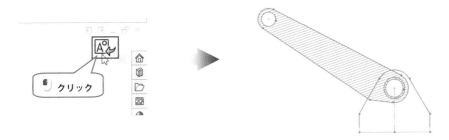

**POINT** ハッチングの編集

ハッチングの編集は、以下の手順で操作します。

1. 🅰 **ブロック**を 🖱 右クリックし、メニューより 🅰 [**ブロックの編集（B）**] を 🖱 クリック。

2. グラフィックス領域で**ハッチングジオメトリ**を 🖱 クリック。

3. Property Manager に「▓ **領域のハッチング／フィル**」が表示されるので**パラメータを編集**します。

「**オプション（O）**」の「**変更を直ちに適用（I）**」オプションは、パラメータの変更をグラフィックス領域
の**ハッチングまたはフィルに直ちに適用**します。

> オプション(O):
> ☑ 変更を直ちに適用(I)
>
> 適用(A)

▭ 適用 ▭ は、「**変更を直ちに適用**」がチェック OFF（□）のときに使用可能で、🖱 クリックすると
パラメータの変更が適用されます。

> オプション(O):
> □ 変更を直ちに適用(I)
> ▭ 適用(A) ▭

ハッチングのプロパティには、次の 3 つのタイプがあります。

「**ハッチング（H）**」を◉選択すると、**選択したハッチングパターンを領域に適用**します。

リストより**ハッチングパターンを選択**し、パターンの**スケールと角度**を⌨入力します。

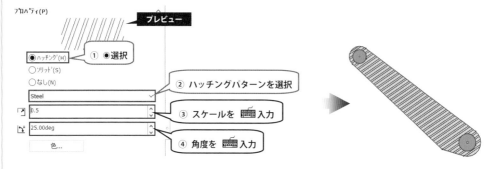

「**ソリッド（S)**」を◉選択すると、**塗りつぶし（フィル）を領域に適用**します。

色を変更する場合、 色... を 🖱 クリックして表示される『**色の設定**』ダイアログより**色を選択**します。

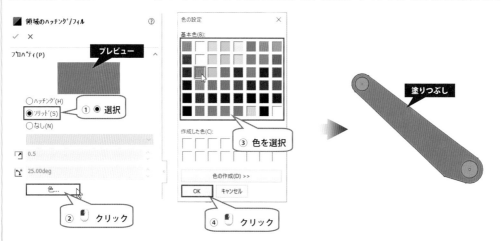

「**なし（N）**」を◉選択すると、**既存の領域のハッチングまたはフィルを削除**します。

グラフィックス領域より**ハッチングまたはフィル**を 🖱 クリックして**選択**します。

Property Manager に「■ **領域のハッチング／フィル**」が表示されるので、「**なし（N）**」を◉選択して

✓ [**OK**] ボタンを 🖱 クリックします。

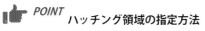 **POINT** ハッチング領域の指定方法

ハッチングする**領域の指定方法**には、次の2つのタイプがあります。

「**領域（R)**」はデフォルトで選択されています。

エンティティによって**閉じた領域を指定**します。グラフィックス領域では、カーソルが に変わります。

領域が取得できない場合は、次のメッセージボックスが表示されます。

これは「**輪郭が開いている**」「**分岐がある**」など輪郭に問題がある場合に表示されます。

「**境界線（B)**」は、ハッチング領域の**境界になるエンティティを選択**します。

選択したエンティティは Property Manager に**リスト表示**します。

範囲選択した領域に入れ子となる閉じた輪郭がある場合、ハッチングは自動的に回避されません。

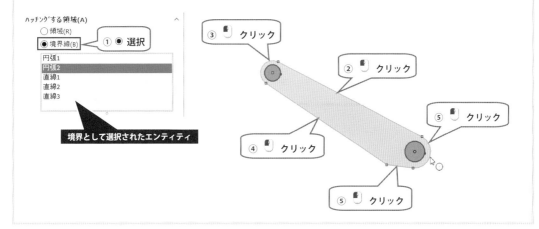

スケッチ輪郭を「ブロック」という形式の別ファイルで保存でき、レイアウト環境にブロックとして挿入できます。新規スケッチで部品の輪郭を作成し、ブロックファイルとして保存してみましょう。

1. アセンブリの《╏正面》でスケッチを開始します。

   下図の閉じた輪郭と2つの円を ╱ [直線] と ⊙ [円] を使用して作成します。

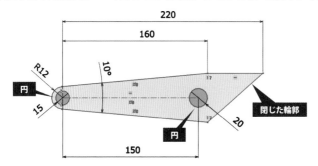

2. メニューバーの [ツール (T)] > [ブロック] > 🖼 [保存 (S)] を クリック。

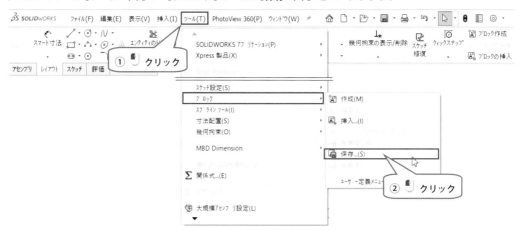

3. 『名前を付けて保存』ダイアログが表示されるので、{ Chapter14}に<Arm-2>という名前で保存します。

4. スケッチ輪郭は外部にファイルとして保存したので今回は**破棄**します。

   確認コーナーの ✖ [**キャンセル**] を 🖱 クリック。

5. 下図のメッセージボックスが表示されるので、 変更をキャンセルして終了(E) を 🖱 クリック。

 POINT **ブロックファイルの編集**

作成したブロックファイルは、**開いて編集**できます。

1. ダウンロードフォルダー｛ **Chapter14**｝よりブロックファイル｛ **Arm-2**｝を開きます。

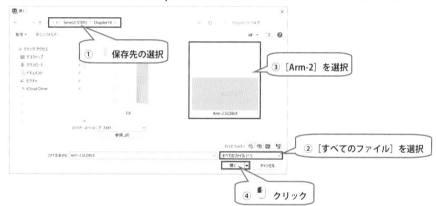

2. 『**名前を付けて保存**』ダイアログが表示されるので、**保存フォルダー選択**と**ファイル名**の⌨入力を
   して 保存(S) を 🖱 クリック。

3. 保存したエンティティは、**スケッチの中でブロック化**されています。
   Feature Manager デザインツリーから《 (-)**スケッチ1**》を▼展開し、《 **ブロック-Arm-2-1**》が
   あることを確認します。編集するには《 **ブロック-Arm-2-1**》を 🖱 右クリックし、メニューより
   [**ブロックの編集（B)**] を 🖱 クリック。

4. **確認コーナー**の を 🖱 クリックして**ブロックの編集**を終了します。

5. [**スケッチ終了**] を 🖱 クリックして**スケッチ**を終了します。

POINT ブロックの保存

アセンブリ内に作成したブロックは、**ブロックファイルとして保存**できます。

1. Feature Manager デザインツリーで《🖾 **Arm-1-2**》を 🖱 右クリックし、

   メニューより 🖾 ［**ブロックの保存（C）**］を 🖱 クリック。

2. 『**名前を付けて保存**』ダイアログが表示されるので、**保存フォルダー選択**と**ファイル名**を⌨入力して

   保存(S) を 🖱 クリック。

POINT ブロックの分解

アセンブリ内に作成したブロックは、**分解してグループ化を解除**できます。

1. Feature Manager デザインツリーで《🖾 **Arm-1-2**》を 🖱 右クリックし、

   メニューより 🖾 ［**ブロックの分解（E）**］を 🖱 クリック。

2. Feature Manager デザインツリーから分解したブロックがなくなります。

   エンティティはレイアウトの中にあり、一部のスケッチ拘束が失われます。

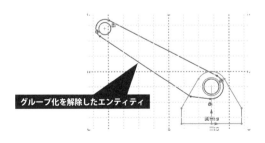

14.1.5 ブロックの挿入

作成した**ブロックファイル**をアセンブリの**レイアウト環境に挿入**します。

1. Command Manager【**レイアウト**】タブより 🖼 [**レイアウト作成**] を 🖱 クリック。

2. Command Manager【**レイアウト**】タブより 🅰 [**ブロックの挿入**] を 🖱 クリック。

   または**メニューバー**の ［**ツール（T）**］ > ［**ブロック**］ > 🅰 ［**挿入（I）**］ を 🖱 クリック。

3. Property Manager に「🅰 **ブロックの挿入**」が表示されます。

   「**挿入するブロック**」のリストには、**アセンブリ内で作成したブロックを表示**し、グラフィックス領域の
   カーソル位置に**選択中のブロックをプレビュー**します。

   ブロックファイルから挿入するには ［**参照...(B)**］ を 🖱 クリック。

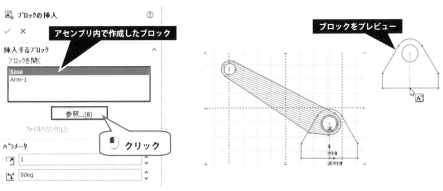

4. 『**開く**』ダイアログが表示されます。

   ｛ 📁 **Chapter14**｝に保存したブロックファイル ｛ 📄 **Arm-2**｝を選択し、［**開く ▼**］ を 🖱 クリック。

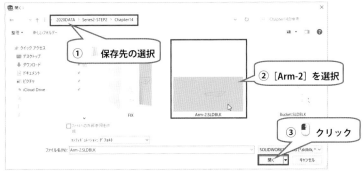

5. 「**挿入するブロック**」のリストに「**Arm-2**」が追加され、グラフィックス領域のカーソル位置にプレビュー
   されます。「**パラメータ**」はデフォルトのままで、下図に示す位置で クリックして配置します。
   「**パラメータ**」でブロックの**スケールと角度を設定**できます。

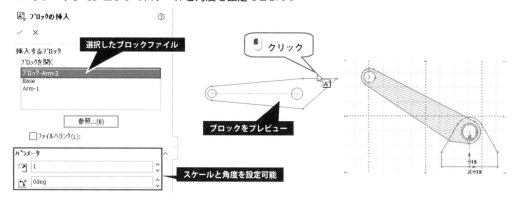

6. Property Manager または**確認コーナー**の ✓ [**OK**] を クリックして確定します。

7. Feature Manager デザインツリーに《🅰 **ブロック-Arm-2-1**》が追加されます。
   下図に示す《🅰 **ブロック-Arm-2-1**》を ●**中心点**を ドラッグし、《🅰 **Base**》の ●**中心点**で ドロップ
   して 🗡 [**一致**] の拘束を追加します。

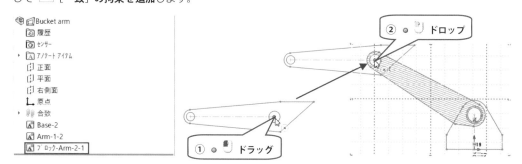

8. 《🅰 **ブロック-Arm-2-1**》の**名前**を <**Arm-2**> に**変更**します。（※「-2」は自動的に付与されます。）

9. **用意されているブロックファイルを挿入**します。
   Command Manager 【**レイアウト**】タブより 🅰 [**ブロックの挿入**] を クリック。

10. Property Manager の 参照...(B) を クリックし、『**開く**』ダイアログで { **Chapter14**} にある {**Bucket**}
    を選択して 開く|▼ を クリック。

Bucket.SLDBLK

11. 「**挿入するブロック**」のリストに「**Bucket**」が追加され、グラフィックス領域のカーソル位置にプレビュー
    されるので**配置位置**で 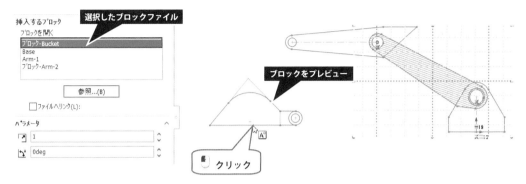 クリック。

12. Property Manager または**確認コーナー**の ✓ [**OK**] を 🖱 クリックして確定します。

13. Feature Manager デザインツリーに《🖪 **ブロック- Bucket-1**》が追加されます。

    下図に示す《🖪 **ブロック- Bucket-1**》を ◉ **中心点**を 🖱 ドラッグし、《🖪 **ブロック-Arm-2-1**》の ◉ **中心点**で
    🖱 ドロップして 🧲 [**一致**] の拘束を追加します。

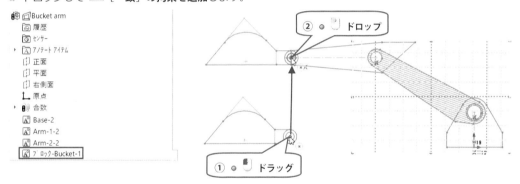

14. 《🖪 **ブロック- Bucket-1**》の**名前**を <**Bucket**> に**変更**します。（※「**-2**」は自動的に付与されます。）

15. Command Manager の 🖼 [**レイアウト作成**]、または**確認コーナー**の 🖼 を 🖱 クリックして
    レイアウト作成を終了します。

16. 🖪 **ブロック**を 🖱 ドラッグし、**モーションを確認**します。

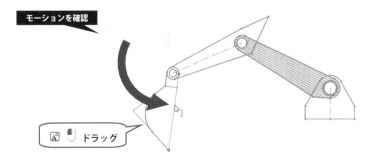

14.1.6 モーションスタディ

Motion Manager を使用すると、**レイアウト内のブロックの動きを詳細にテスト**できます。

レイアウト環境に作成したブロックにアニメーションを与えてみましょう。

1. ウィンドウ左下の【**モーションスタディ 1**】タブを 🖰 クリック。

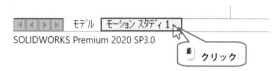

2. Motion Manager インターフェースが SOLIDWORKS ウィンドウの下部に表示されます。

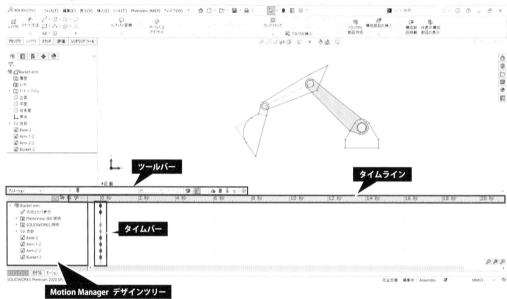

3. 《 🖼 **Arm-1-2**》の ◆ **キーポイント**を 🖰 ドラッグし、**タイムライン 5 秒の位置**で 🖰 ドロップ。

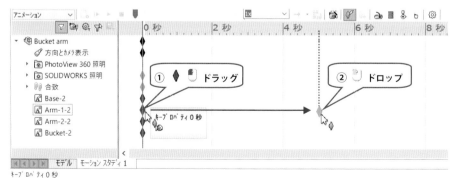

4. 同様の操作で《 🖼 **Arm-2-2**》と《 🖼 **Bucket-2**》の ◆ キーポイントも**タイムライン 5 秒の位置**に移動します。

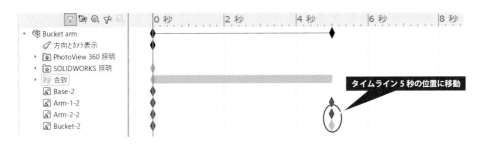

5. グラフィックス領域で《 🖼 **Bucket-2**》を 🖱 ドラッグして**移動**します。

《 🖼 **Arm-1-2**》《 🖼 **Arm-2-2**》《 🖼 **Bucket-2**》の**キーポイントを繋ぐ緑色の水平なラインが表示**されます。

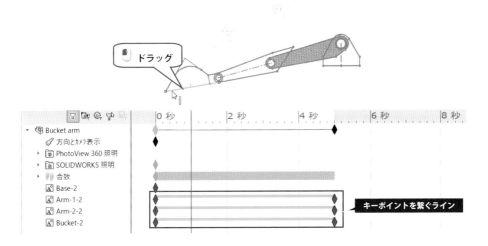

6. ► [**再生**] を 🖱 クリックすると、**ドラッグした前の状態までアニメーションを実行**します。

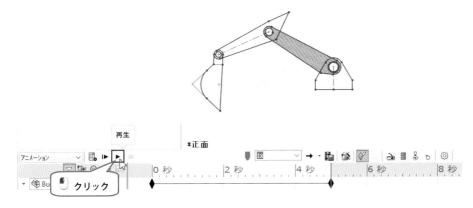

7. ウィンドウ左下の【**モデル**】タブを 🖱 クリック。

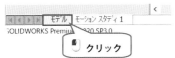

14.2 ブロックから部品作成

レイアウト環境にあるブロックから仮想構成部品を作成し、部品を編集して外部に保存します。

14.2.1 ブロックから仮想構成部品を作成

[ブロックから部品作成] は、ブロックから**仮想構成部品を作成**します。

1. Command Manager **【レイアウト】**タブより [ブロックから部品作成] を クリック。

   または**メニューバー**の [挿入 (I)] > [構成部品 (O)] > [ブロックから部品挿入 (B)] を クリック。

2. Property Manager に「 ブロックから部品を作成」が表示されます。

   「**選択されたブロック (S)**」の選択ボックスが**アクティブ**になっているので、グラフィックス領域から **4 つ**のブロックを クリックして選択します。

   「**部分拘束条件へブロック (C)**」は、デフォルトで選択されている [**ブロック上 (O)**] を使用します。

   Property Manager または**確認コーナー**の [OK] を クリックして確定します。

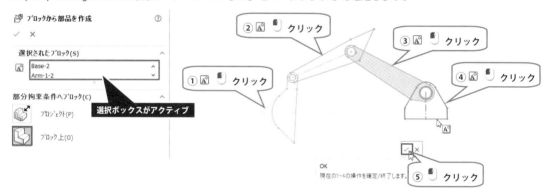

3. **4 つの仮想構成部品が作成**されるので、仮想構成部品の**名前**を <**Bucket**> <**Arm-2**> <**Arm-1**> <**Base**> に**変更**します。ブロックは各仮想構成部品のスケッチの中に移動します。

   スケッチを編集状態にすると、右クリックメニューよりブロックの編集などを実行できます。

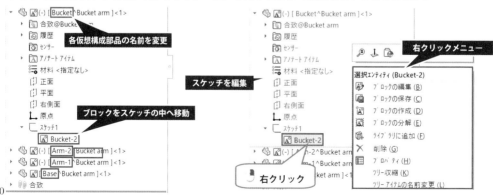

POINT 部分拘束条件ヘブロック

作成される仮想構成部品の拘束条件を次の2つのタイプより選択します。

[プロジェクト（P）]

仮想構成部品のスケッチ平面とブロック平面に同一平面となる拘束は作成しません。

[ブロック上（O）]

デフォルトで選択されます。

仮想構成部品のスケッチ平面とブロック平面に同一平面となる拘束を作成します。

14.2.2 部品の編集（Base）

《 [Base^Bucket arm]》を編集して**フィーチャーを作成**します。

1. Feature Manager デザインツリーより《 [Base^Bucket arm]》を クリックし、

   コンテキストツールバーより [**部品の編集（A）**] を クリック。

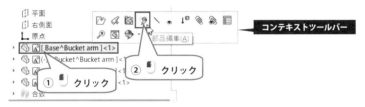

2. Command Manager【**フィーチャー**】タブより [**押し出しボス／ベース**] を クリック。

3. **フライアウトツリー**より《 [Base^Bucket arm]》の《スケッチ1》を選択します。

   「**押し出しの状態**」は [**中間平面**] を選択し、「**深さ／厚み**」に < 5 0 ENTER > と 入力します。

   プレビューを確認して [**OK**] ボタンを クリック。

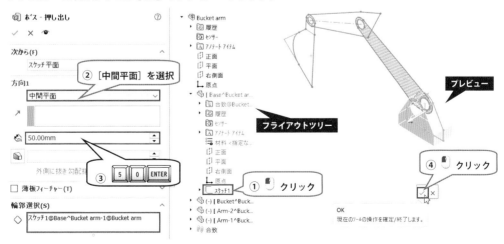

4. 《 🖐 🅰 [Base^Bucket arm]》の《🗗正面》でスケッチを開始し、🔲 [エンティティ変換] と ✏ [直線]
   を使用して下図に示す**閉じた輪郭を作成**します。

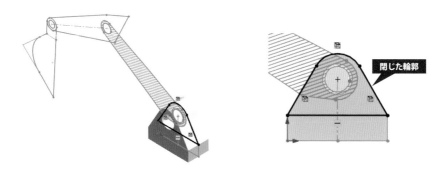

5. Command Manager【**フィーチャー**】タブより 🔳 [**押し出しカット**] を 🖱 クリック。

6. 「**押し出しの状態**」は [**中間平面**] を選択し、🔳 「**深さ／厚み**」に < ⌨3 ⌨0 ⌨ENTER > と ⌨ 入力します。
   プレビューを確認して ✓ [**OK**] ボタンを 🖱 クリック。

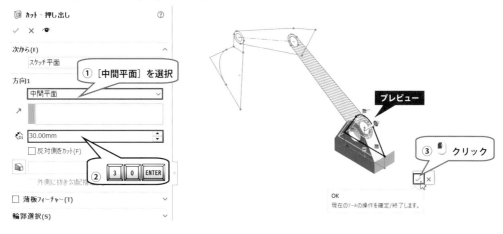

7. 🖐 [**構成部品編集**] を 🖱 クリックして**部品の編集を終了**します。

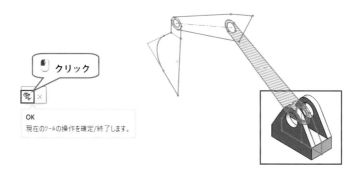

14.2.3　部品の編集（Arm-1）

《🐱 🖾 (-) [**Arm-1^Bucket arm**]》を編集して**フィーチャーを作成**します。

1. Feature Manager デザインツリーより《🐱 🖾 (-) [**Arm-1^Bucket arm**]》を 🖱 クリックし、**コンテキストツールバー**より 🖉 [**部品編集（A**)] を 🖱 クリック。

2. Command Manager【**フィーチャー**】タブより 🗐 [**押し出しボス/ベース**] を 🖱 クリック。

3. **フライアウトツリー**より《🐱 🖾 (-) [**Arm-1^Bucket arm**]》の《⌐ **スケッチ 1**》を選択します。

　「押し出しの状態」は [**中間平面**] を選択し、🖾 「**深さ/厚み**」に <3️⃣ 0️⃣ ENTER> と ⌨ 入力します。

　プレビューを確認して ✓ [**OK**] ボタンを 🖱 クリック。

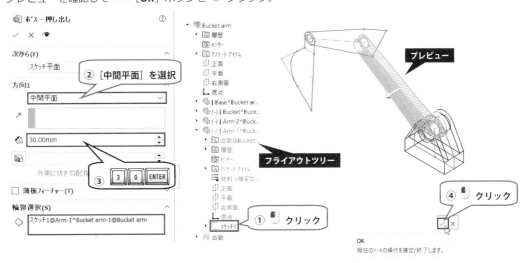

4. 押し出したボスの ■ **平らな面**で**スケッチを開始**し、⬚ [**エンティティ変換**]、⊙ [**円**]、✂ [**エンティティのトリム**] を使用して下図に示す**閉じた輪郭を作成**します。

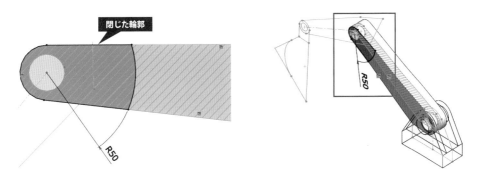

5. Command Manager【フィーチャー】タブより ⬚ [押し出しカット] を 🖱 クリック。

6. 「押し出しの状態」は［ブラインド］を選択し、🗔 「深さ／厚み」に<[I][0][ENTER]>と⌨ 入力します。
   プレビューを確認して ✓ [OK] ボタンを 🖱 クリック。

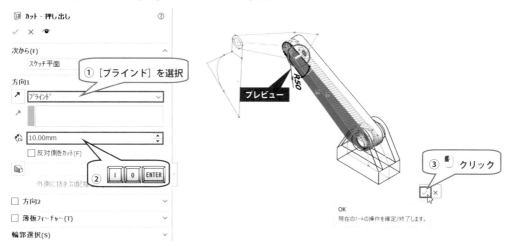

7. Command Manager【フィーチャー】タブより ⬚ [ミラー] を 🖱 クリック。

8. Property Manager で「ミラー面／平面（M）」の選択ボックスがアクティブになるので、フライアウト
   ツリーより《🗔 🗔 (-)［Arm-1^Bucket arm]》の《⬚正面》を 🖱 クリックして選択します。
   「ミラーコピーするフィーチャー（F）」の選択ボックスがアクティブになるので、フライアウトツリーより
   《⬚ カット-押し出し 1》を🖱 クリックして選択します。
   プレビューを確認して ✓ [OK] ボタンを 🖱 クリック。

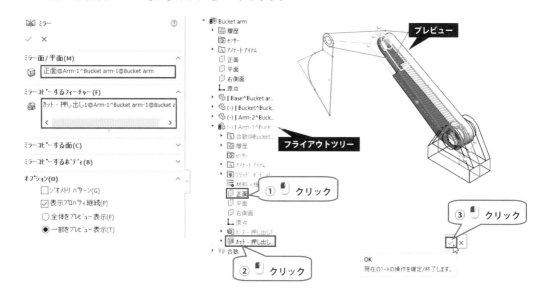

9. 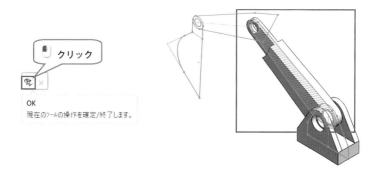 [構成部品編集] を 🖱 クリックして**部品の編集を終了**します。

クリック

OK
現在のツールの操作を確定/終了します。

14.2.4 部品の編集（Arm-2）

《🐾 🅰 (-) [**Arm-2^Bucket arm**]》を編集して**フィーチャーを作成**します。

1. Feature Manager デザインツリーより《🐾 🅰 (-) [**Arm-2^Bucket arm**]》を 🖱 クリックし、
コンテキストツールバーより 🖌 [**部品編集（A）**] を 🖱 クリック。

└ 原点
🐾 🅰 [Base^Bucket arm]<1
🐾 🅰 (-) [Bucket^Bucket arm
🐾 🅰 (-) [Arm-2^Bucket arm]<1>
🐾 🅰 (-) [Arm-1^Bucket arm]<1>
🔗 合致

コンテキストツールバー
部品編集(A)

① クリック
② クリック

2. Command Manager【**フィーチャー**】タブより 📦 [**押し出しボス／ベース**] を 🖱 クリック。

3. **フライアウトツリー**より《🐾 🅰 (-) [**Arm-2^Bucket arm**]》の《└ **スケッチ1**》を 🖱 クリックして選択します。「**押し出しの状態**」は [**中間平面**] を選択し、📐「**深さ／厚み**」に＜ 3 0 ENTER ＞と ⌨ 入力します。
プレビューを確認して ✓ [**OK**] ボタンを 🖱 クリック。

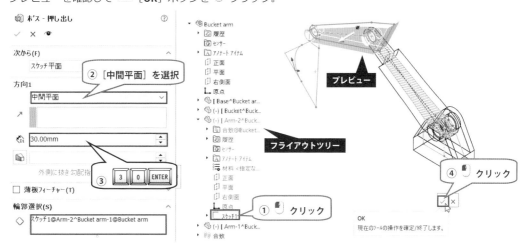

📦 ボス - 押し出し

✓ ✕ 👁

次から(F)
スケッチ平面

② [中間平面] を選択

方向1
中間平面

30.00mm

外側に抜き勾配指

③ 3 0 ENTER

☐ 薄板フィーチャー(T)

輪郭選択(S)
◇ スケッチ1@Arm-2^Bucket arm-1@Bucket arm

🐾 Bucket arm
　▶ 🗂 履歴
　　 🔘 センサー
　▶ 🗂 アノテートアイテム
　　 🗂 正面
　　 🗂 平面
　　 🗂 右側面
　└ 原点
　🐾 [Base^Bucket ar...
　🐾 (-) [Bucket^Buck...
　🐾 (-) [Arm-2^Buck...
　　▶ 🗂 合致@Bucket...
　　▶ 🗂 履歴
　　　 🔘 センサー
　　▶ 🗂 アノテートアイテム
　　　 🗂 材料 <指定な...
　　　 🗂 正面
　　　 🗂 平面
　　　 🗂 右側面
　　└ 原点
　　▶ スケッチ1
　🐾 (-) [Arm-1^Buck...
　🔗 合数

① クリック

プレビュー
フライアウトツリー

④ クリック

OK
現在のツールの操作を確定/終了します。

4. 《🖐 🖼 (-) [**Arm-2^Bucket arm**]》の《📐**正面**》で**スケッチを開始**し、📦 [**エンティティ変換**]、／ [**直線**]、
　　◯ [**円**]、🪡 [**エンティティのトリム**] を使用して下図に示す**閉じた輪郭を作成**します。

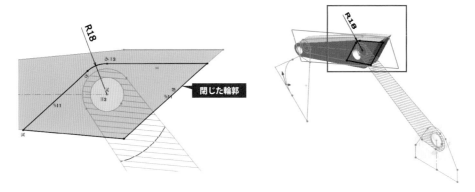

5. Command Manager【**フィーチャー**】タブより 🔲 [**押し出しカット**] を 🖱 クリック。

6. 「**押し出しの状態**」は [**中間平面**] を選択し、🔩「**深さ／厚み**」に<[1][0][ENTER]>と⌨ 入力します。
　　プレビューを確認して ✓ [**OK**] ボタンを 🖱 クリック。

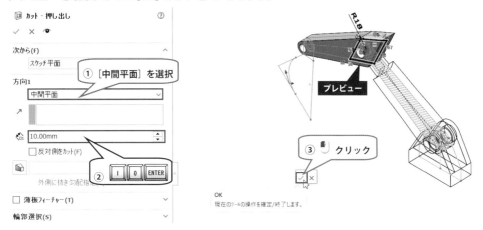

7. 押し出したボスの ◼ **平らな面**で**スケッチを開始**し、◯ [**円**] を使用して下図に示す**円を作成**します。

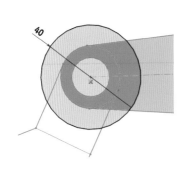

8. Command Manager【**フィーチャー**】タブより 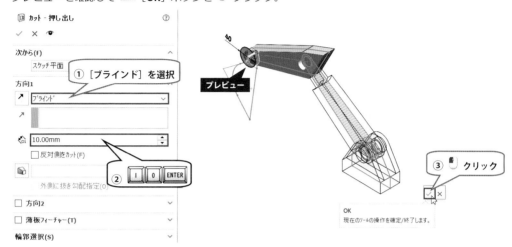 [**押し出しカット**] を クリック。

9. 「**押し出しの状態**」は［**ブラインド**］を選択し、 「**深さ／厚み**」に＜ 1 0 ENTER ＞と 入力します。
プレビューを確認して ✓ ［**OK**］ボタンを クリック。

10. Command Manager【**フィーチャー**】タブより [**ミラー**] を クリック。

11. Property Manager で「**ミラー面／平面（M）**」の**選択ボックスがアクティブ**になるので、**フライアウト**
ツリーより《 (-) [**Arm-2^Bucket arm**]》の《**正面**》を クリックして選択します。
「**ミラーコピーするフィーチャー（F）**」の**選択ボックスがアクティブ**になるので、**フライアウトツリー**より
《 **カット-押し出し 2**》を クリックして選択します。
プレビューを確認して ✓ ［**OK**］ボタンを クリック。

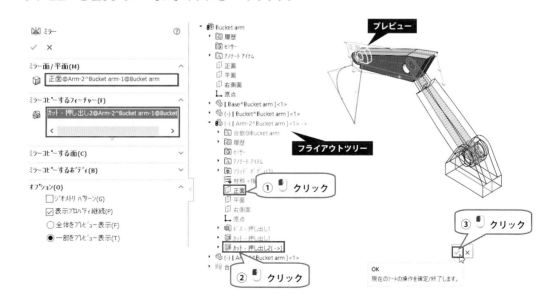

12. 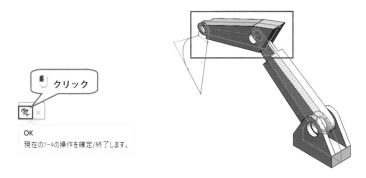 [構成部品編集] を クリックして**部品の編集を終了**します。

14.2.5 部品の編集（Bucket）

《 (-) [**Bucket^Bucket arm**]》を編集して**フィーチャー**を作成します。

1. Feature Manager デザインツリーより《 (-) [**Bucket^Bucket arm**]》を クリックし、

   コンテキストツールバーより [**部品編集（A）**] を クリック。

2. Command Manager【**フィーチャー**】タブより [**押し出しボス／ベース**] を クリック。

3. **フライアウトツリー**より《 (-) [**Bucket^Bucket arm**]》の《 **スケッチ 1**》を クリックして選択します。Property Manager の「**輪郭選択（S）**」の**選択ボックスがアクティブ**になるので、下図に示す**領域**を クリックして選択します。

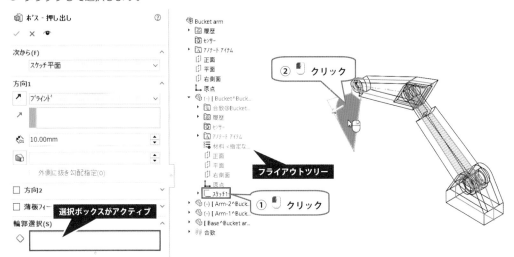

4. 「押し出しの状態」は［中間平面］を選択し、[カ] 「深さ／厚み」に＜ 6 0 ENTER ＞と [キーボード] 入力します。
   プレビューを確認して ✓ ［OK］ボタンを [マウス] クリック。

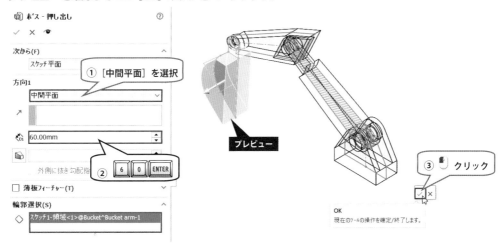

① ［中間平面］を選択

② 6 0 ENTER

プレビュー

③ クリック

OK
現在のツールの操作を確定/終了します。

5. Command Manager【フィーチャー】タブより [ボス] ［押し出しボス／ベース］を [マウス] クリック。

6. **フライアウトツリー**より《[ボス] **ボス-押し出し 1**》の中にある《[スケッチ] **スケッチ 1**》を [マウス] クリックして選択します。
   Property Manager の「輪郭選択（S）」の**選択ボックスがアクティブ**になるので、下図に示す **2 つの領域**を
   [マウス] クリックして選択します。（※選択しにくい場合は、他の構成部品を非表示にしてください。）

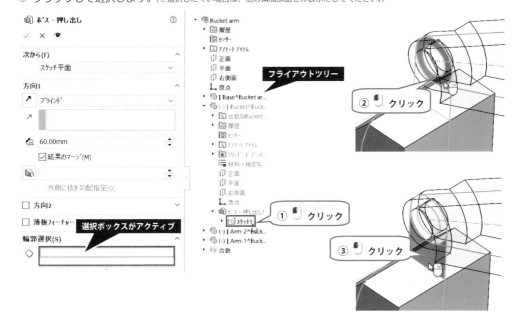

フライアウトツリー

② クリック

① クリック

選択ボックスがアクティブ

③ クリック

7. 「**開始条件**」は［**オフセット**］を選択し、「**オフセット値**」に< 5 ENTER >と ⌨ 入力します。

「**押し出しの状態**」は［**ブラインド**］を選択し、🔲「**深さ／厚み**」に< 1 0 ENTER >と ⌨ 入力します。

「**結果のマージ（M）**」はチェック OFF（□）にし、プレビューを確認して ✓［**OK**］ボタンを 🖱 クリック。

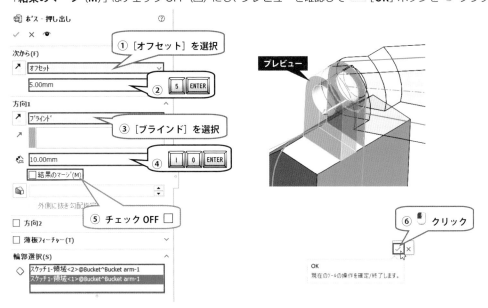

8. Command Manager【**フィーチャー**】タブより 🔢［**ミラー**］を 🖱 クリック。

9. Property Manager で「**ミラー面／平面（M）**」の**選択ボックスがアクティブ**になるので、**フライアウト**

ツリーより《🔲 📄(-)［**Bucket^Bucket arm**］》の《🔲**正面**》を 🖱 クリックして選択します。

「**ミラーコピーするボディ（B）**」の**選択ボックスをアクティブ**にし、グラフィックス領域より**手順 7 で作成**

したボディを 🖱 クリックして選択し、「**ソリッドのマージ（R）**」はチェック OFF（□）にします。

プレビューを確認して ✓［**OK**］ボタンを 🖱 クリック。

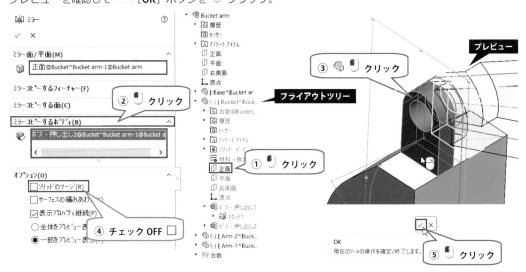

10. Command Manager【フィーチャー】タブより 🗐 ［シェル］を 🖰 クリック。

11. 「削除する面」の選択ボックスがアクティブになるので、下図に示す ■ 平らな面を 🖰 クリックして選択します。📥「厚み」に＜ 2 ENTER ＞と ⌨ 入力し、✓ ［OK］ボタンを 🖰 クリック。

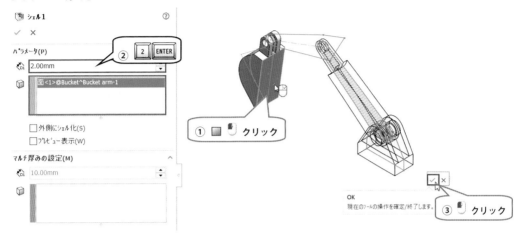

① ■ 🖰 クリック

② 2 ENTER

OK
現在のツールの操作を確定/終了します。

③ 🖰 クリック

12. 🐭 ［構成部品編集］を 🖰 クリックして部品の編集を終了します。

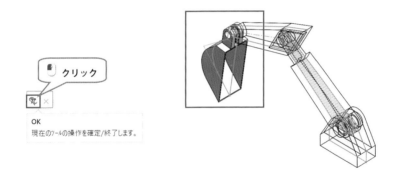

🖰 クリック

OK
現在のツールの操作を確定/終了します。

13. 🖑 構成部品を 🖰 ドラッグし、モーションを確認します。

モーションを確認

🖑 🖰 ドラッグ

14.2.6　*外部に保存*

アセンブリに仮想構成部品がある場合、**保存する際に外部ファイルとして保存**できます。

1. **標準ツールバー**の 🖫［**保存**］を 🖰 クリックすると、『**変更されたドキュメントの保存**』ダイアログが表示
   されるので、 すべて保存(S) を 🖰 クリック。

2. 『**指定保存**』ダイアログが表示されます。

   アセンブリに仮想構成部品がある場合に表示され、アセンブリの内部に保存するか、外部に保存するかを選択
   します。「**外部に保存（パス指定）(E)**」を ⦿ 選択し、 OK(K) を 🖰 クリックして**外部に保存**します。

3. 名前から［　］がなくなり、アセンブリと同じ 📁 フォルダーに **4 つの** 🦺 **部品ファイルが作成**されます。

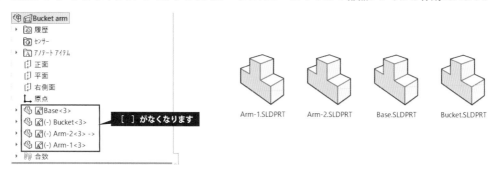

4. 🖫［**保存**］にて｛🦺 **Bucket arm**｝を**上書き保存**し、関連するファイルをすべて閉じます。

14.3 ボトムアップでアセンブリ作成

外部に保存した部品を使用し、**ボトムアップの手法で新しいアセンブリを作成**します。

14.3.1 新規アセンブリの作成と固定部品の配置

新規にアセンブリを作成し、固定部品とする部品 { 🧩 **Base**} を**配置**します。

1. **標準ツールバー**の ☐ [**新規**] を 🖱 クリック。

   『**新規 SOLIDWORKS ドキュメント**』ダイアログが表示されるので、 🔲 [**アセンブリ**] を 🖱 クリックし、
   ☐ OK ☐ を 🖱 クリック。

2. 『**開く**』ダイアログが表示されます。ダウンロードフォルダー { 📁 **Chapter14**} より部品ファイル { 🧩 **Base**}
   を選択して ☐ 開く ▼ ☐ を 🖱 クリック。

3. **確認コーナー**の ☑ [**OK**] ボタンを 🖱 クリックして**アセンブリ**の ⤷ **原点位置に配置**します。

   Feature Manager デザインツリーに《 🧩 **(固定)Base<1>**》が**追加**されます。

4. **標準ツールバー**の 💾 [**保存**] を 🖱 クリックすると、『**変更されたドキュメントの保存**』ダイアログが表示
   されるので、 ☐ すべて保存(S) ☐ を 🖱 クリック。

5. 『 ⚠ **保存する前にドキュメントを再構築しますか？** 』のメッセージボックスが表示されるので、
   ☐ → ドキュメントの再構築と保存(推奨)(R) ☐ を 🖱 クリック。

6. 『**指定保存**』ダイアログが表示されるので、**保存先フォルダー**は { 📁 **Chapter14**} を選択、「**ファイル名（N）**」
   に <**Bottom up_Bucket arm**> と ⌨入力して ☐ 保存(S) ☐ を 🖱 クリック。

   ◣ 参照
   アセンブリ入門　2.2.1 新規アセンブリの作成と固定部品の配置 (P10)

部品ファイル {🗗**Arm-1**} {🗗**Arm-2**} {🗗**Bucket**} を**挿入**し、**合致を追加**します。

1. Command Manager【**アセンブリ**】より 🗗[**構成部品の挿入**] を 🖱 クリック。

   （※SOLIDWORKS2020 の一部サービスパックおよび SOLIDWORKS2019 以前のバージョンは、[**既存の部品／アセンブリ**] を 🖱 クリック。）

2. Property Manager に「🗗 **構成部品の挿入**」が表示され、『**開く**』ダイアログが表示されます。

   ダウンロードフォルダー { 📁 **Chapter14**} より部品ファイル {🗗 **Arm-1**} を選択して [**開く**|▼] を
   🖱 クリックし、グラフィックス領域の**任意の位置**で 🖱 クリックして配置します。

   （※仮想構成部品から作成した部品の初期状態にはサムネイルにモデルプレビューはありません。）

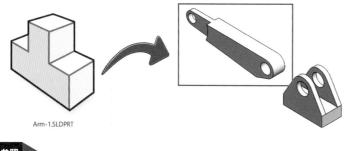

Arm-1.SLDPRT

参照　　　アセンブリ入門　2.3 構成部品の挿入 (P16)

3. **クイック合致状況依存ツールバーから合致を追加**します。

   《🗗 (-)**Arm-1**》の《🔲**正面**》と《🗗 (固定)**Base**》の《🔲**正面**》に 🗙 [**一致**] を追加します。

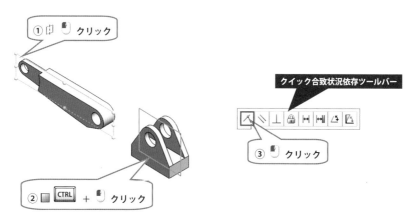

① 🔲 🖱 クリック

クイック合致状況依存ツールバー

③ 🖱 クリック

② 🔲 CTRL + 🖱 クリック

参照　　　アセンブリ STEP1　7.2 一致合致 (P33)

4. **クイック合致状況依存ツールバーから合致を追加**します。

《🖐(-)Arm-1》の穴の▣ 円筒面と《🖐(固定)Base》の穴の▣ 円筒面に ◎［同心円］を追加します。

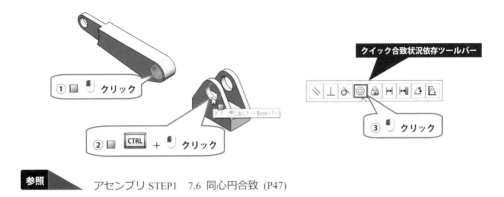

参照　アセンブリ STEP1　7.6 同心円合致 (P47)

5. 🖼［**構成部品の挿入**］を使用し、ダウンロードフォルダー｛📁**Chapter14**｝にある部品｛🖐 **Arm-2**｝を**挿入**します。

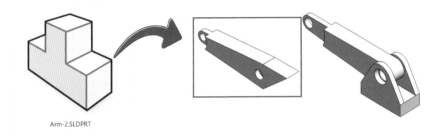

Arm-2.SLDPRT

6. **クイック合致状況依存ツールバーから合致を追加**します。

《🖐(-)Arm-2》の《⊞**正面**》と《🖐(固定)Base》の《⊞**正面**》に 人［**一致**］を追加します。

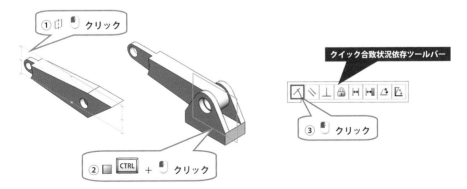

7. **クイック合致状況依存ツールバーから合致を追加します。**

   《 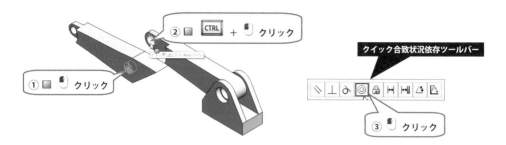 (-)Arm-1》の穴の ■円筒面と《 (-)Arm-2》の穴の ■円筒面に ◎ [同心円] を追加します。

8. 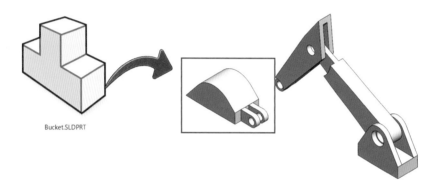 [構成部品の挿入] を使用し、ダウンロードフォルダー { Chapter14} にある部品 { Bucket} を挿入します。

Bucket.SLDPRT

9. **クイック合致状況依存ツールバーから合致を追加します。**

   《 (-)Bucket》の《正面》と《 (固定)Base》の《正面》に ⟨ [一致] を追加します。

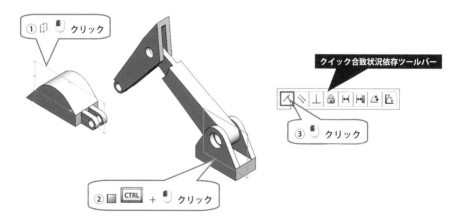

10. **クイック合致状況依存ツールバーから合致を追加します。**

《🖌(-)Bucket》の穴の ■円筒面と《🖌(-)Arm-2》の穴の ■円筒面に ◎［同心円］を追加します。

11. 🖼［構成部品の挿入］を使用し、ダウンロードフォルダー｛ Chapter14｝にある部品｛🖌Pin&Bush｝を挿入します。

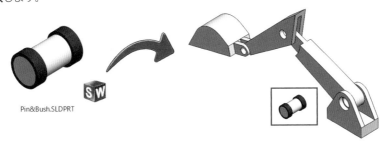

12. 《🖌(-)Pin&Bush》の ■円筒面と《🖌(固定)Base》の ■円筒面に ◎［同心円］を追加します。

13. 《🖌(-)Pin&Bush》の ■軸端面と《🖌(固定)Base》の ■平らな面に ⊿［一致］を追加します。

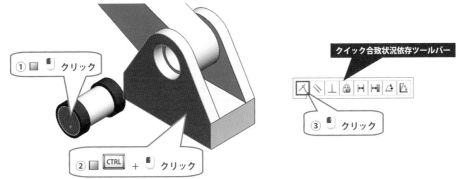

14. 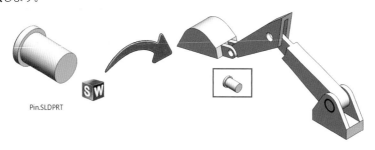[構成部品の挿入] を使用し、ダウンロードフォルダー {▮ **Chapter14**} にある部品 {🦺 **Pin**} を
挿入します。

Pin.SLDPRT

15. **スマート合致**の「👆🏻🎮 **穴とピン**」を使用して**合致を追加**します。

下図に示す《🦺 **(-)Pin**》の▮ **円形エッジ**を ⌨ALT を押しながら 🖱 ドラッグし、《🦺 **(-)Bucket**》の

▮ **円形エッジ**（または円筒面）に**移動**して ⤵**カーソル横にポインタ** 🎮 **が表示**されたら 🖱 ドロップ。

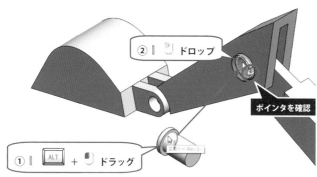

② ▮ 🖱 ドロップ

ポインタを確認

① ▮ ⌨ALT ＋ 🖱 ドラッグ

参照 　アセンブリ入門　2.5 スマート合致 (P38)

16. Feature Manager デザインツリーまたはグラフィックス領域から《🦺 **(-)Pin**》を ⌨CTRL を押しながら
🖱 ドラッグし、グラフィックス領域内の**コピーする位置**で 🖱 ドロップ。

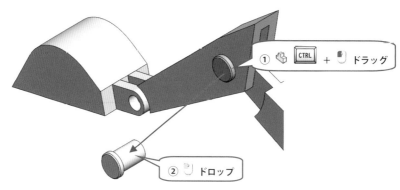

① 🦺 ⌨CTRL ＋ 🖱 ドラッグ

② 🖱 ドロップ

参照 　アセンブリ入門　2.4.7 インスタンスのコピー (P36)

17. コピーした《 🐚 (-)Pin＜2＞》の**コンフィギュレーションを変更**します。

グラフィックス領域より《 🐚 (-)Pin＜2＞》を 🖱 クリックして表示される**ツールバー**で［**D15**］を選択し、

✓ ［**OK**］ボタンを 🖱 クリック。

（※SOLIDWORKS2013以前バージョンは、『**構成部品プロパティ**』にてコンフィギュレーションを変更します。）

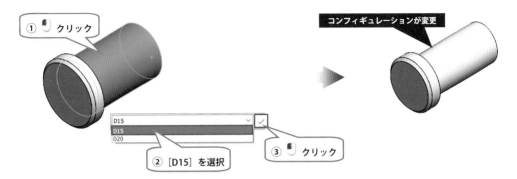

18. **スマート合致**の「 🕹 **穴とピン**」を使用して**合致を追加**します。

下図に示す《 🐚 (-)Pin＜2＞》の ‖ **円形エッジ**を [ALT] を押しながら 🖱 ドラッグし、《 🐚 (-)Bucket》の

‖ **円形エッジ**（または円筒面）に**移動**して ⌖ **カーソル横にポインタ** 🕹 **が表示**されたら 🖱 ドロップ。

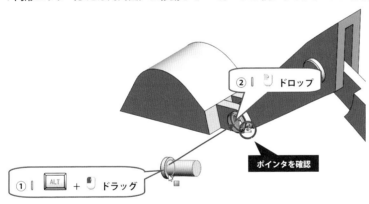

19. 💾 ［**保存**］にて｛ 🐚 **Bottom up_Bucket arm**｝を**上書き保存**します。

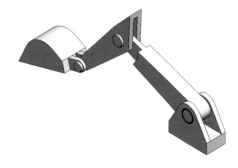

14.3.3 モデルチェック

アセンブリを**静的干渉チェック**および**動的干渉チェック**します。

1. アセンブリを**静的干渉チェック**します。

   下図のように《🐚 Arm-1》と《🐚 Arm-2》を 🖱 ドラッグして**移動**し、Command Manager【評価】タブより 🔲 [干渉認識] を 🖱 クリック。

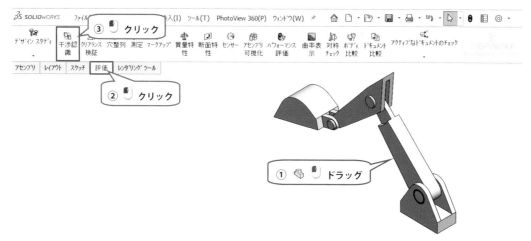

2. Property Manager に「🔲 干渉認識」が表示されます。

   [計算(C)] を 🖱 クリックし、「**結果（R)**」に「**干渉部分なし**」が**表示されること**を確認します。

   干渉した場合、構成部品を**干渉がない位置に移動**して再度 🔲 [干渉認識] を実行してください。

   また、寸法値に間違いがある場合にも干渉が発生する可能性があります。

3. Property Manager または**確認コーナー**より ✓ [OK] ボタンを 🖱 クリック。

   参照 アセンブリ入門　4.1.2 干渉認識 (P85)

4. アセンブリを**動的干渉チェック**します。

Command Manager【**アセンブリ**】タブより [構成部品移動] を クリック。

5. Property Manager に「 **構成部品移動**」を表示します。

「**オプション（P）**」の「**衝突検知**」を◉選択し、「**衝突面で停止（T）**」をチェック ON（☑）します。
未定義の構成部品を ドラッグで**ゆっくり動かして可動範囲を確認**します。

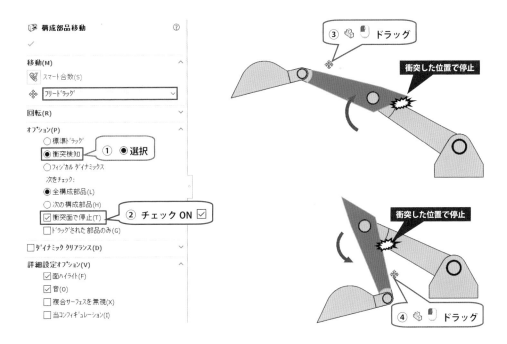

6. Property Manager または**確認コーナー**より [**OK**] ボタンを クリック。

参照 アセンブリ入門 4.1.4 衝突検知 (P89)

7. 各構成部品の**任意の箇所**に《 フィレット》や《 面取り》を**追加**し、 ［**外観編集**］で**任意の外観**を**設定**します。

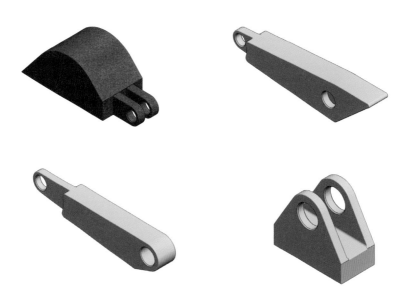

8. ［**保存**］にて《 **Bottom up_Bucket arm**》を**上書き保存**し、関連するファイルをすべて閉じます。

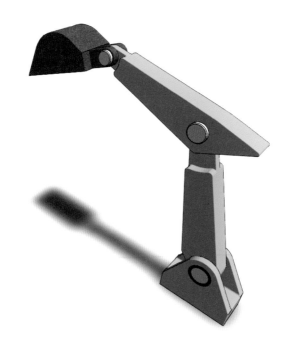

Chapter15

アセンブリフィーチャー

各種アセンブリフィーチャーの作成方法について説明します。

アセンブリフィーチャーとは

エッジ処理

- ▶ フィレット
- ▶ 面取り

穴フィーチャー

- ▶ 穴シリーズ
- ▶ 穴ウィザード
- ▶ 単一穴

カットフィーチャー

- ▶ 押し出しカット
- ▶ 回転カット
- ▶ スイープカット

溶接ビード

ベルト／チェーン

アセンブリフィーチャーのパターン化

- ▶ 直線パターン
- ▶ 円形パターン
- ▶ ミラー
- ▶ テーブル駆動パターン
- ▶ スケッチ駆動パターン

15.1 アセンブリフィーチャーとは

アセンブリフィーチャーは**アセンブリ専用のフィーチャー**で、**複数の構成部品に影響を与えます。**

例えば、《 🔲 **押し出しカット**》や《 🔵**穴**》を複数の構成部品を貫通して作成できます。

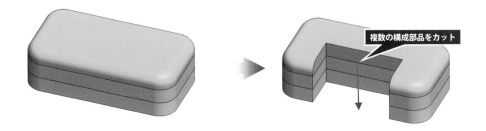

複数の構成部品をカット

アセンブリフィーチャーの特徴には、次のようなものがあります。

● 穴シリーズを除きアセンブリレベルにのみ存在します。

● 表示／非表示の切り替えは、コンフィギュレーションを使用します。

● アセンブリフィーチャーのスケッチ平面は、アセンブリ内の参照平面または平面を使用します。

● スケッチには、閉じた輪郭を複数選択できます。

● 直線状や円形状にパターン化できます。

アセンブリフィーチャーには、次のものがあります。

タイプ	フィーチャー	説 明
エッジ処理	🔷 [フィレット]	アセンブリの構成部品のエッジや面にフィレットを作成します。
	🔷 [面取り]	アセンブリの構成部品のエッジや面に面取りを作成します。
穴	🔲 [穴シリーズ]	アセンブリの各構成部品に連続した穴を作成します。 構成部品ごとに穴のタイプを設定できます。
	🔵 [穴ウィザード]	アセンブリの各構成部品に連続した各種穴を作成します。
	🔵 [穴]	アセンブリの各構成部品に連続した単純穴を作成します。
カット	🔲 [押し出しカット]	アセンブリの構成部品を押し出しカットします。
	🔳 [回転カット]	アセンブリの構成部品を回転カットします。
	🔲 [スイープカット]	アセンブリの構成部品をスイープカットします。
溶接	🔷 [溶接ビード]	アセンブリの構成部品間に溶接ビードフィーチャーを作成します。
機構	🔷 [ベルト／チェーン]	ベルトと滑車やチェーンとスプロケットによる機構を作成するためのフィーチャーを作成します。
パターン	🔲 [直線パターン]	直線状にアセンブリフィーチャーをパターン化します。
	🔷 [円形パターン]	円形状にアセンブリフィーチャーをパターン化します。
	🔲 [ミラー]	アセンブリフィーチャーをミラーコピーします。
	🔲 [テーブル駆動パターン]	テーブルを使用してアセンブリフィーチャーをパターン化します。
	🔷 [スケッチ駆動パターン]	スケッチ点を使用してアセンブリフィーチャーをパターン化します。

15.2 エッジ処理

アセンブリで《  フィレット》および《 面取り》を作成する方法について説明します。

15.2.1 フィレット

アセンブリの**複数の構成部品に**《 フィレット》**を作成する方法**について説明します。

（※SOLIDWORKS2011 以降の機能です。）

1. ダウンロードフォルダー｛ **Chapter15**｝よりアセンブリ｛ **Table**｝を開きます。

Table.SLDASM

2. Command Manager【アセンブリ】より ［アセンブリフィーチャー］を クリックして**展開**し、
   ［フィレット］を クリック。

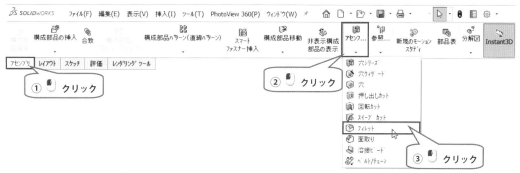

3. Property Manager に「 フィレット」が表示されます。

   ［**固定サイズフィレット**］で 「**半径**」に< 2 0 ENTER >と 入力します。

   下図に示す **2 つの** エッジを クリックして選択し、プレビューを確認します。

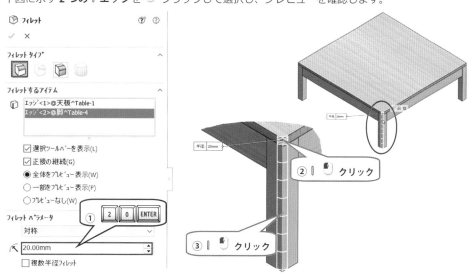

4. 下図に示す **6 つの** ▎エッジを 🖱 クリックし、プレビューを確認して ☑ [**OK**] ボタンを 🖱 クリック。

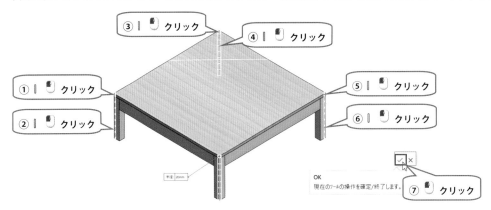

5. Feature Manager デザインツリーの { 🕮 **合致**} フォルダーの下に《🗊 **フィレット 1**》が追加されます。

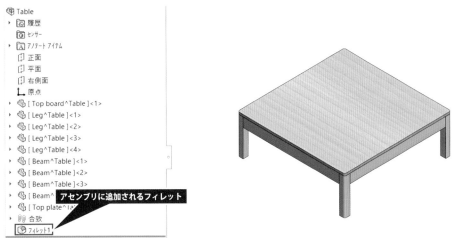

6. 部品を別ウィンドウで開いて**フィレットがないことを確認**します。

   Feature Manager デザインツリーで《🕮 [**Leg^Table**] **<1>**》を 🖱 クリックし、

   コンテキストツールバーより 🗗 [**部品を開く**] を 🖱 クリック。

7. ウィンドウをアセンブリ { 🕮 **Table**} に切り替えます。

15.2.2 面取り

アセンブリの**複数の構成部品**に《 ⬡ **面取り**》を**作成する方法**について説明します。

（※SOLIDWORKS2011 以降の機能です。）

1. Feature Manager デザインツリーで《 🐚 [**Top board^Table**] <**1**>》を 🖱 クリックし、
   コンテキストツールバーより ◢ [**構成部品非表示**] を 🖱 クリック。

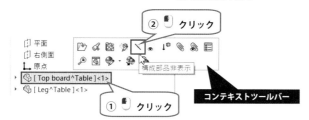

2. Command Manager 【**アセンブリ**】より 🔲 [**アセンブリフィーチャー**] を 🖱 クリックして**展開**し、
   ⬡ [**面取り**] を 🖱 クリック。

3. Property Manager に「 ⬡ **面取り**」が表示されます。

   「**面取りタイプ**」は 📐 [**角度 距離**] で 📐 「**距離**」に < 5 ENTER > と ⌨ 入力します。
   下図に示す ∥ **エッジ**を 🖱 クリックして選択し、 ✓ [**OK**] ボタンを 🖱 クリック。

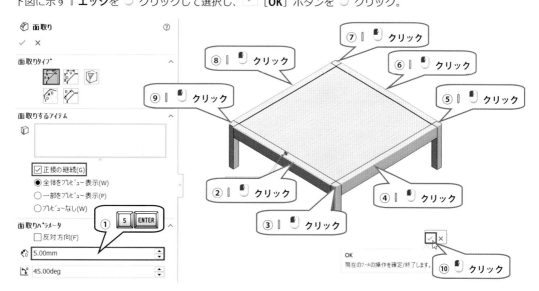

4. Feature Manager デザインツリーの { 合致} フォルダーの下に《 面取り 1》が追加されます。
   ウィンドウをアセンブリ { [Leg^Table] <1>} に切り替え、**面取りがないこと**を確認します。

アセンブリに追加される面取り

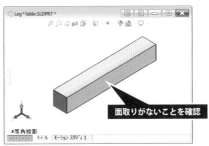

面取りがないことを確認

5. [保存] にて { Table} を**上書き保存**し、関連するファイルをすべて閉じます。

   (※構成部品はすべて内部部品として保存してください。)

POINT フィーチャーを部品へ継続

「**フィーチャーを部品へ継続**」をチェック ON (☑) にすると、**フィーチャーが部品にも作成**されます。

(※SOLIDWORKS2009 以降の機能です。)

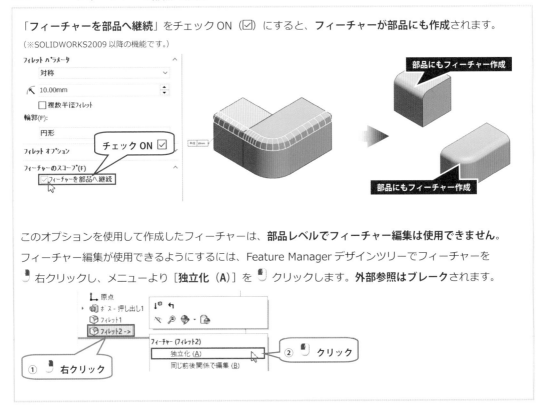

このオプションを使用して作成したフィーチャーは、**部品レベルでフィーチャー編集は使用できません。**
フィーチャー編集が使用できるようにするには、Feature Manager デザインツリーでフィーチャーを
 右クリックし、メニューより [**独立化 (A)**] を クリックします。**外部参照はブレーク**されます。

15.3 穴フィーチャー

アセンブリの**複数の構成部品**に《 穴》**を作成する方法**について説明します。

15.3.1 穴シリーズ

[穴シリーズ] は、穴を適用する**構成部品ごと**に穴の**タイプや仕様**など指定できます。

1. ダウンロードフォルダー {　**Chapter15**} よりアセンブリ {　**Hole-1**} を開きます。

Hole-1.SLDASM

2. Command Manager【アセンブリ】より [**アセンブリフィーチャー**] を クリックして**展開**し、
   [**穴シリーズ**] を クリック。

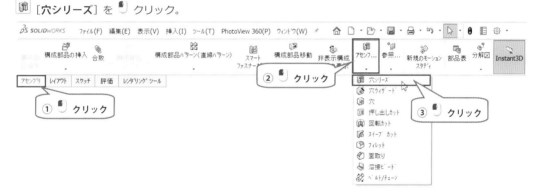

3. Property Manager に「 **穴の位置**」が表示されます。

   「**穴の位置（H）**」は、デフォルトで「**新しい穴を作成（N）**」が●選択されています。

   「**穴の配置面**」「**配置点**」「**タイプ**」「**大きさ**」を指定する場合に選択します。

   下図に示す ■**面上**で**穴を配置する位置**を クリックし、ESC を押して**穴の配置を終了**します。

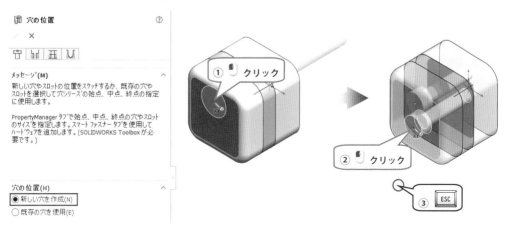

4. **幾何拘束と寸法を追加して完全定義**させます。

アセンブリの《[] **右側面**》と上側の ○ **配置点を選択**し、[] [**平面上**] の拘束を追加します。

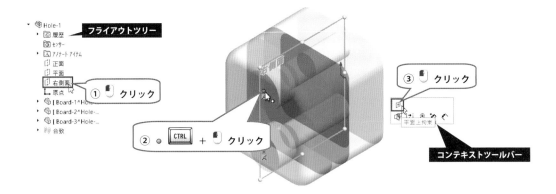

5. 同様の方法で**下側の** ○ **配置点にも** [] [**平面上**] **の拘束**を追加します。

6. [] [**スマート寸法**] を使用し、アセンブリの《[]**平面**》と上側の ○ 配置点の**距離寸法<15>**を追加します。

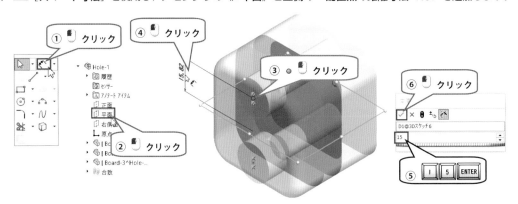

7. 同様の方法で**下側の** ○ **配置点にも距離寸法<15>を追加**します。

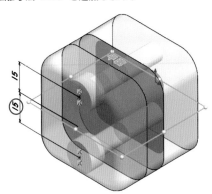

8. 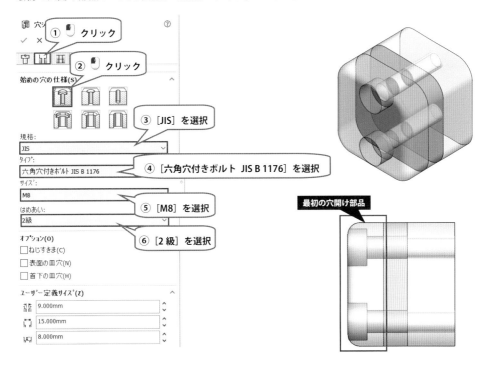 【最初の部品】タブを クリックします。

最初の穴開け部品の「**穴の仕様**」「**規格**」「**タイプ**」「**サイズ**」などを下図のように設定します。

9. 【中間の部品】タブを クリックします。

中間の穴開け部品の「**穴の仕様**」「**タイプ**」「**サイズ**」「**はめあい**」を下図のように設定します。
最初の構成部品の穴と同じにするために「**始めの穴を基準にサイズを自動設定する**」をチェック ON（☑）に
します。**中間の部品が複数ある場合**は、**すべて同じ穴**になります。

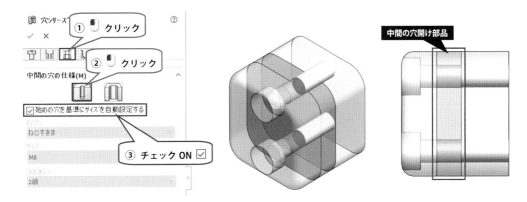

10. 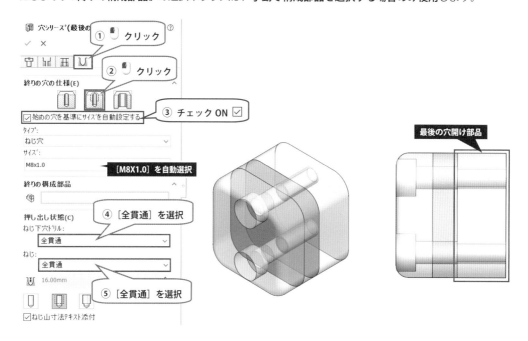【最後の部品】タブを クリックします。

最後の穴開け部品の「穴の仕様」「タイプ」「サイズ」「押し出しの状態」などを下図のように設定します。

最初の構成部品の穴と同じサイズにするために「**始めの穴を基準にサイズを自動設定する**」をチェックON（☑）

にします。「**終りの構成部品**」の選択ボックスは、**手動で構成部品を選択する場合のみ**使用します。

11. Property Manager または**確認コーナー**の ☑ [**OK**] を クリックして確定します。

12. Feature Manager デザインツリーの {🔩 **合致**} フォルダーの下に《🔩 **M8 穴付きねじ用座ぐり穴 1**》が

追加されます。

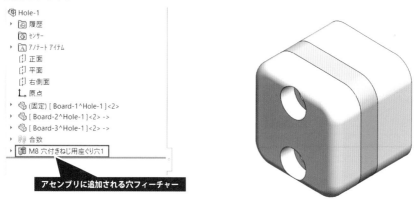

13. ヘッズアップビューツールバーの 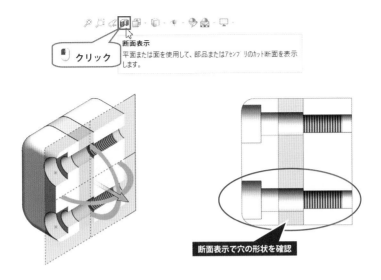 [断面表示] を クリックし、**穴の形状を確認**します。

断面表示で穴の形状を確認

14. [**穴シリーズ**] で作成したフィーチャーは、**部品にも作成**されます。

各部品を開き、**外部参照した穴フィーチャーがあること**を確認します。

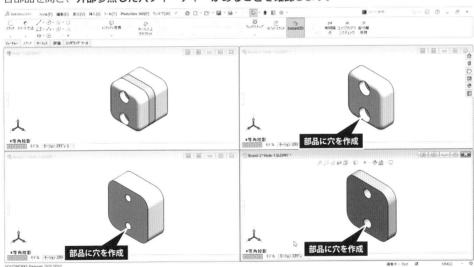

部品に穴を作成

部品に穴を作成

部品に穴を作成

15. [**保存**] にて {Hole-1} を**上書き保存**し、関連するファイルをすべて閉じます。

(※構成部品はすべて内部部品として保存してください。)

POINT 既存の穴を使用

「**既存の穴を使用（E）**」は、**既存の穴を選択**して「**位置**」「**タイプ**」「**大きさ**」などの**情報を取得**します。

すべての穴のタイプと大きさは同じになります。

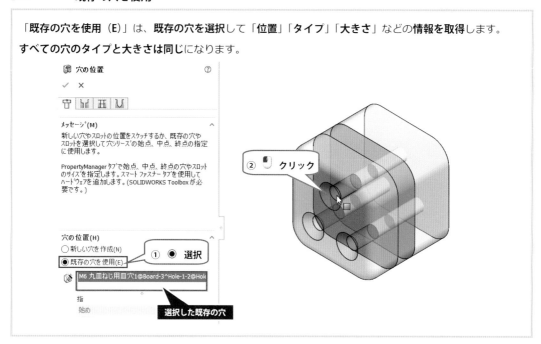

15.3.2 穴ウィザード

アセンブリの各構成部品に  [**穴ウィザード**] と同様の方法で《（⑥ **穴**》を作成できます。

1. ダウンロードフォルダー｛ ▎**Chapter15**｝よりアセンブリ｛ ⑨ **Hole-2**｝を開きます。

Hole-2.SLDASM

2. Command Manager【**アセンブリ**】より 🕮 [**アセンブリフィーチャー**] を 🖱 クリックして**展開**し、
   🕮 [**穴ウィザード**] を 🖱 クリック。

3. Property Manager に「 🔘 **穴の仕様**」の [🔩 タイプ] タブが表示されます。

「**穴タイプ（T）**」「**規格**」「**種類**」「**穴の仕様**」「**押し出し状態（C）**」「**フィーチャーのスコープ（F）**」を下図の
ように設定します。「**フィーチャーのスコープ（F）**」オプションは、**フィーチャーが影響を与える構成部品の
指定方法を設定**します。

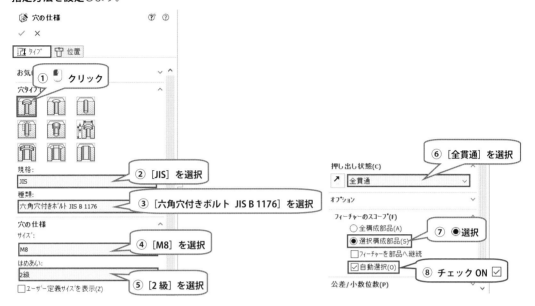

4. [🔩 位置] タブを 🖱️ クリックします。

下図に示す構成部品の ■ **面**を 🖱️ クリックし、**面上の配置点（原点）**を 🖱️ クリックして**穴を配置**します。

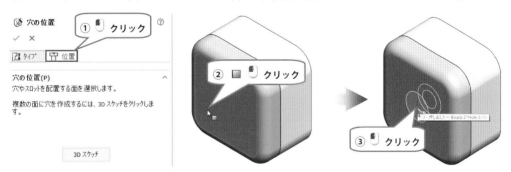

5. Property Manager または**確認コーナー**の ☑️ [**OK**] を 🖱️ クリックして確定します。

6. Feature Manager デザインツリーの {❚❚❚ **合致**} フォルダーの下に《 M8 **穴付きねじ用座ぐり穴 1**》が
追加されます。

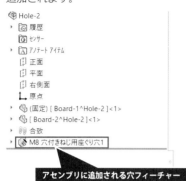

アセンブリに追加される穴フィーチャー

7. 🔘 [**穴ウィザード**] で作成した**フィーチャーは部品には作成されません。**
各部品を開き、**穴フィーチャーがないことを確認**します。

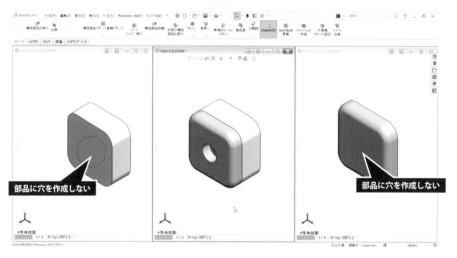

部品に穴を作成しない

部品に穴を作成しない

8. 💾 [**保存**] にて { Hole-2} を**上書き保存**し、関連するファイルをすべて閉じます。
（※構成部品はすべて内部部品として保存してください。）

15.3.3 *単一穴*

🔘 [**穴**] は、アセンブリに**単一の単純穴を作成**します。

1. ダウンロードフォルダー { Chapter15} よりアセンブリ { Hole-3} を開きます。

Hole-3.SLDASM

2. Command Manager【アセンブリ】より 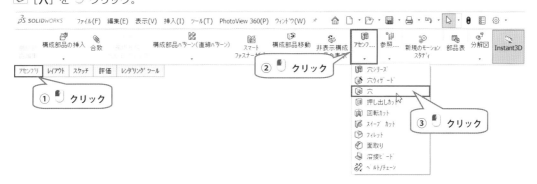 [アセンブリフィーチャー] を クリックして展開し、
   [穴] を クリック。

3. Property Manager に「穴」が表示されます。下図に示す ■ 面上で穴の配置点を クリック。

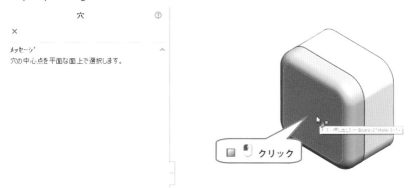

4. Property Manager で「押し出しの状態」、 「穴の直径」を下図のように設定します。

   穴の配置点が未定義なので、 配置点と 原点に [一致] を追加して完全定義させます。

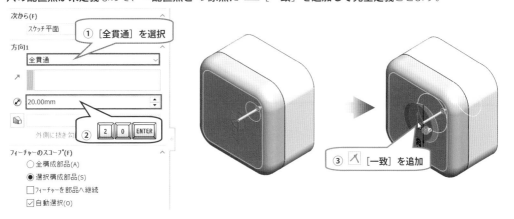

5. Property Manager または確認コーナーの [OK] を クリックして確定します。

6. Feature Manager デザインツリーで｛ 合致｝フォルダーの下に《 穴 1》が追加されます。

- Hole-3
  - 履歴
  - センサー
  - アノテート アイテム
  - 正面
  - 平面
  - 右側面
  - 原点
  - (固定) [Board-1^Hole-3]<1>
  - [Board-2^Hole-3]<1>
  - 合致
  - 穴1 　——　アセンブリに追加される穴フィーチャー

7. ［穴］で作成した**フィーチャーは部品には作成されません。**

各部品を開き、**穴フィーチャーがないことを確認**します。

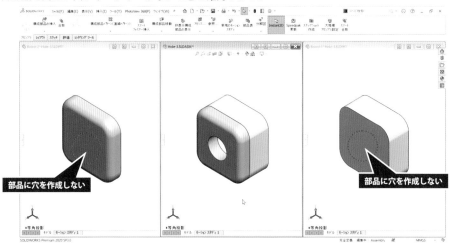

部品に穴を作成しない

部品に穴を作成しない

8. ［保存］にて｛ Hole-3｝を**上書き保存**し、関連するファイルをすべて閉じます。

（※構成部品はすべて内部部品として保存してください。）

15.4 カットフィーチャー

アセンブリの複数の構成部品にカットフィーチャーを作成する方法について説明します。

15.4.1 押し出しカット

アセンブリ内で**スケッチ輪郭を作成**し、これを**押し出して構成部品をカット**します。

1. ダウンロードフォルダー { **Chapter15**} よりアセンブリ { **Bookshelf**} を開きます。

Bookshelf.SLDASM

2. Command Manager【**アセンブリ**】より [**アセンブリフィーチャー**] を クリックして**展開**し、
    [**押し出しカット**] を クリック。

3. Property Manager に「**押し出し**」が表示されます。

   「**メッセージ**」に「**フィーチャーの断面をスケッチする平面あるいは平坦な面を選択してください。**」と表示されます。下図に示す構成部品の ■**面**を クリックすると、**スケッチを開始**します。

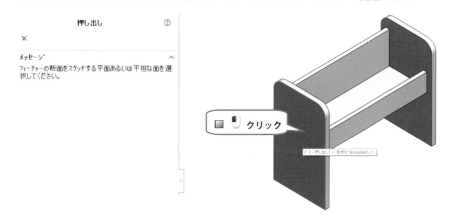

4. 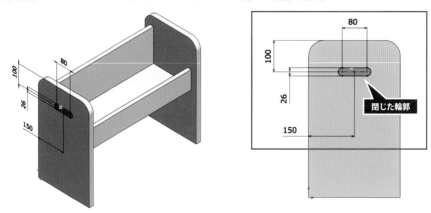 [中心点ストレートスロット] を使用して下図に示す**閉じた輪郭**を作成します。

5. Command Manager の ⬚[**スケッチ終了**] を 🖱 クリック、または**確認コーナー**の ↳ を 🖱 クリック。

6. Property Manager に「 ▣ **カット-押し出し**」が表示されます。

   反対側の側板にもカットを適用したいので、「**押し出しの状態**」は [**全貫通**]、「**フィーチャーのスコープ**」は「**全構成部品（A）**」を◉選択します。

   「**フィーチャーを部品へ継続**」はチェック ON（☑）にし、 ✓[**OK**] を 🖱 クリックして確定します。

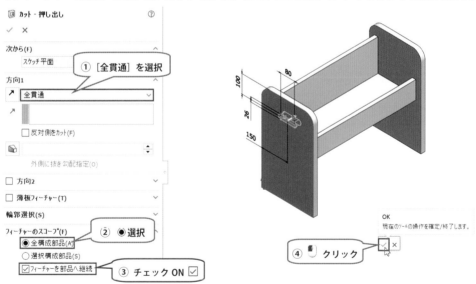

参照　👍 *POINT* フィーチャーを部品へ継続 (P92)

7. Feature Manager デザインツリーの { 🏠 **合致**} フォルダーの下に《 🔲 **カット-押し出し 1**》が追加されます。
「**フィーチャーのスコープ**」オプションを**有効**にしたので、**2 つの構成部品にも**《 🔲 **カット-押し出し 2->**》
が**追加**されます。部品に作成されたフィーチャーは**外部参照**します。

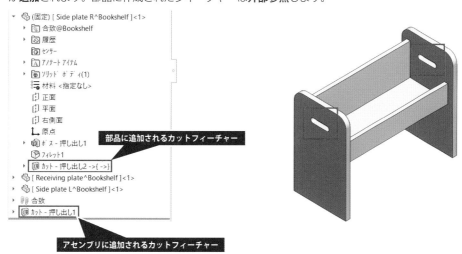

部品に追加されるカットフィーチャー

アセンブリに追加されるカットフィーチャー

8. 各構成部品の**任意の箇所にフィレットを追加**し、🖌️ [**外観編集**] で**任意の外観を設定**します。

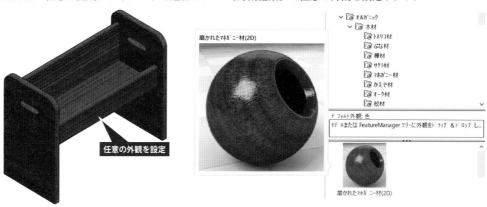

任意の外観を設定

9. 💾 [**保存**] にて { 🦉 **Bookshelf**} を**上書き保存**し、関連するファイルをすべて閉じます。
   （※構成部品はすべて内部部品として保存してください。）

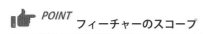

POINT フィーチャーのスコープ

> **アセンブリフィーチャーを適用する構成部品を指定方法を選択**します。
>
> - 「**全構成部品（A）**」は、関連するすべての構成部品にフィーチャーを適用します。
> - 「**選択構成部品（S）**」は、選択した構成部品のみフィーチャーを適用します。
> - 「**自動選択（O）**」は、「**選択構成部品（S）**」を選択すると利用可能になります。
>   チェック ON（☑）にすると、アセンブリフィーチャーが交差するすべての構成部品が自動的に選択されます。

アセンブリ内で**スケッチ輪郭を作成**し、**軸を中心に回転して押し出してカット**します。

1. ダウンロードフォルダー {   **Chapter15**} よりアセンブリ {   **Shaft&Sleeve**} を開きます。

Shaft&Sleeve.SLDASM

2. Command Manager【アセンブリ】より   [**アセンブリフィーチャー**] を   クリックして**展開**し、

     [**回転カット**] を   クリック。

3. Property Manager に「**回転**」が表示されます。

    フライアウトツリーよりアセンブリの《**正面**》を   クリックして**スケッチを開始**します。

4.   [**円**] と   [**中心線**] を使用して下図に示す**輪郭のための円と回転のための中心線**を作成します。

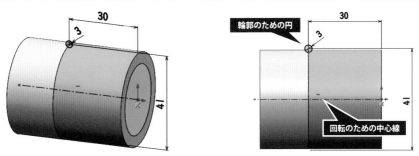

5. Command Manager の 🔲[**スケッチ終了**] を 🖱 クリック、または**確認コーナー**の ↳🗸 を 🖱 クリック。

6. Property Manager に「🔟 **カット-回転**」が表示されます。

   「**押し出しの状態**」は[**片側に押し出し**]、🔼**「角度」**に <[3][6][0][ENTER]> と ⌨ 入力します。

   「**フィーチャーのスコープ（F）**」は「**全構成部品（A）**」を ◉ 選択します。

   「**フィーチャーを部品へ継続**」をチェック ON（☑）し、🗸 [**OK**] を 🖱 クリックして確定します。

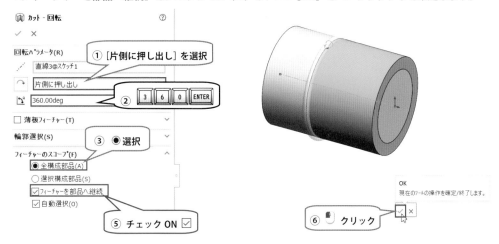

7. Feature Manager デザインツリーの {🔟 **合致**} フォルダーの下に《🔟 **カット-回転 1**》が追加されます。

   「**フィーチャーを部品へ継続**」をチェック ON（☑）にすると、2 つの構成部品にも《🔟 **カット-回転 1->**》

   が追加されます。部品に作成されたフィーチャーは**外部参照**します。

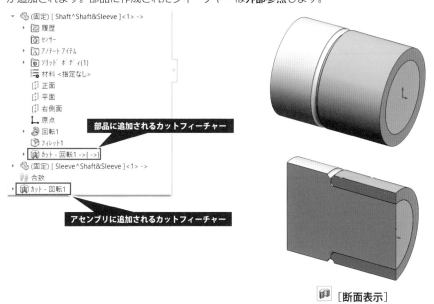

🔲 [**断面表示**]

8. 🔲 [**保存**] にて {🔵 **Shaft&Sleeve**} を**上書き保存**し、関連するファイルをすべて閉じます。

   (※構成部品はすべて内部部品として保存してください。)

15.4.3 スイープカット

アセンブリ内で**スケッチ輪郭とパスを作成**し、これを使用して**構成部品をスイープカット**します。

構成部品の面とエッジ、カーブをスイープ輪郭として直接選択できます。

（※SOLIDWORKS2013 以降の機能です。）

1. ダウンロードフォルダー {📁 **Chapter15**} よりアセンブリ {🧩 **Frame**} を開きます。

Frame.SLDASM

2. アセンブリには、**スイープで使用**する《└ **輪郭**》と《└ **パス**》が作成されています。

    これらは**アセンブリのトップレベルに作成**しておきます。

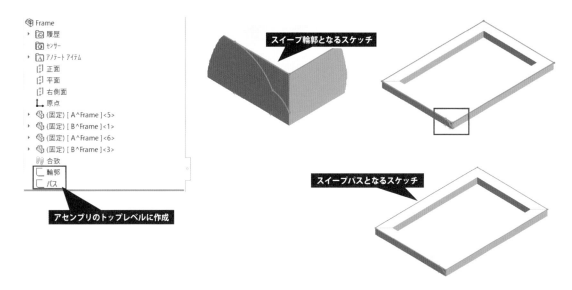

スイープ輪郭となるスケッチ

スイープパスとなるスケッチ

アセンブリのトップレベルに作成

3. Command Manager【アセンブリ】より 🔲 [**アセンブリフィーチャー**] を 🖱 クリックして**展開**し、

    📐 [**スイープカット**] を 🖱 クリック。

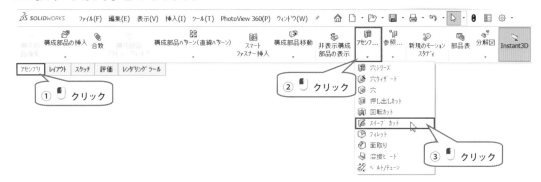

① 🖱 クリック

② 🖱 クリック

③ 🖱 クリック

4. Property Manager に「🖌 カット-スイープ」が表示されます。

グラフィックス領域より**輪郭スケッチとパススケッチ**を 🖱 クリックして選択します。

「**フィーチャーのスコープ（F）**」は「**全構成部品（A）**」を◉選択します。

「**フィーチャーを部品へ継続**」はチェック ON（☑）し、☑ [**OK**] を 🖱 クリックして確定します。

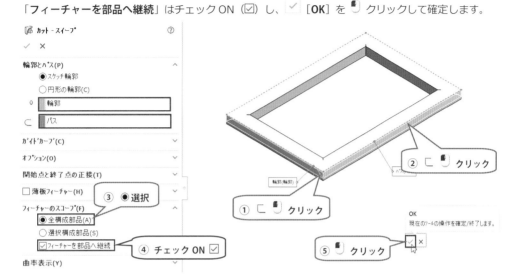

5. Feature Manager デザインツリーの｛🔘**合致**｝フォルダーの下に《🖌 **カット-スイープ 1**》が追加されます。

2 種 4 つの構成部品には、**外部参照**した《🖌 **カット-スイープ 1->**》が追加されます。

🖌 [**外観編集**] で**任意の外観を設定**します。

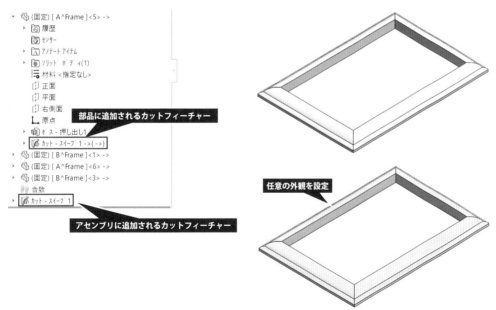

6. 💾 [**保存**] にて｛🔘 **Frame**｝を**上書き保存**し、関連するファイルをすべて閉じます。

（※構成部品はすべて内部部品として保存してください。）

15.5　溶接ビード

 ［**溶接ビード**］は、アセンブリの **2 つの構成部品間**に単純化された溶接ビードを作成できます。

「**トップレベルにある構成部品間**」または「**トップレベルにある構成部品とサブアセンブリの構成部品**」に作成

できます。⚠️ サブアセンブリにある構成部品間には溶接ビードを作成できません。

1. ダウンロードフォルダー｛📁**Chapter15**｝よりアセンブリ｛🩰 **Weld bead**｝を開きます。

　　このモデルには **3 つ**の板状の構成部品があります。**構成部品間にすみ肉の溶接ビードを追加**します。

　　（※SOLIDWORKS2015 以降の操作方法です。※SOLIDWORKS2014 以前のバージョンは操作方法が異なります。）

Weld bead.SLDASM

2. Command Manager【アセンブリ】より 🎛 ［**アセンブリフィーチャー**］を 🖱 クリックして**展開**し、

　　［**溶接ビード**］を 🖱 クリック。

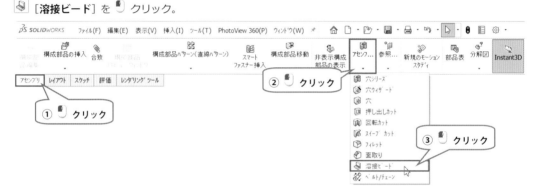

3. Property Manager に「🩰 **溶接ビード**」が表示されます。

　　「**溶接指定**」はデフォルトで◉選択されている「**溶接ジオメトリ**」を使用します。

　　このオプションは、エンティティを選択するための **2 つの選択ボックスを表示**します。

　　「**溶接-始点**」の選択ボックスが**アクティブ**になっているので、下図に示す構成部品の 3 つの ■ **面**を

　　🖱 クリックして選択します。

　　（※「**溶接指定**」は SOLIDWORKS2015 以降のオプションです。2011〜2014 までは「**溶接パス**」で指定します。）

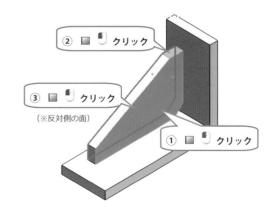

4. 「**溶接-終点**」の**選択ボックスをアクティブ**にし、下図に示す構成部品の ■ **面**を 🖱 クリックして選択します。
   🔧 「**ビードサイズ**」（脚長）に ＜ 6 ENTER ＞ と ⌨ 入力します。

   デフォルトで ◉ 選択されている「**選択範囲**」は、**溶接ビードを選択された面またはエッジに適用**します。

   プレビューを確認し、✓ [**OK**] を 🖱 クリックして確定します。

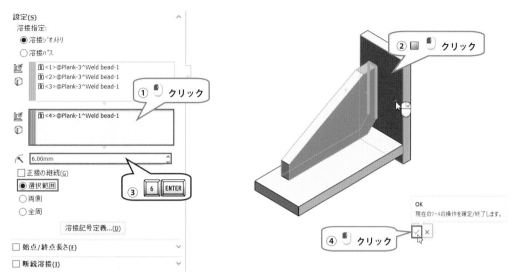

5. Feature Manager デザインツリーの {🗂 **溶接フォルダ**} が作成され、その中に**溶接ビード**が作成されます。
   グラフィックス領域には、**溶接ビードと溶接記号が表示**されます。

   （※SOLIDWORKS2010 以前のバージョンでは、溶接ビードをアセンブリの構成部品として追加します。）

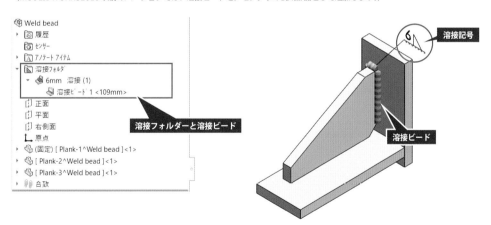

   溶接ビードが表示されていない場合は、ヘッズアップビューツールバーの 👁 [**アイテムを表示／非表示**]
   で 🔩 [**溶接ビード**] を 🖱 クリックして 🔩 **オン**にします。

   溶接ビードを編集する場合は、Feature Manager デザインツリーまたはグラフィックス領域より**溶接ビード**
   を 🖱 クリックして**選択**し、**コンテキストツールバー**より 🖼 [**フィーチャー編集**] を 🖱 クリックします。

6. **すみ肉（両側）の溶接ビードを追加**します。

Command Manager【**アセンブリ**】より  ［**アセンブリフィーチャー**］を クリックして**展開**し、

［**溶接ビード**］を クリック。

7. Property Manager に「 **溶接ビード**」が表示されます。

「**溶接-始点**」の**選択ボックスがアクティブ**になっているので、下図に示す構成部品の ■ **面**を クリックして選択します。

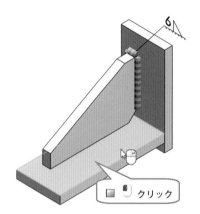

8. 「**溶接-終点**」の**選択ボックスをアクティブ**にし、下図に示す構成部品の ■ **面**を クリックして選択します。

「**ビードサイズ**」（脚長）に <6 ENTER> と 入力します。

「**両側**」を 選択すると、**選択した面またはエッジと反対側の面またはエッジに溶接ビードが適用**されます。

プレビューを確認し、 ［**OK**］を クリックして確定します。

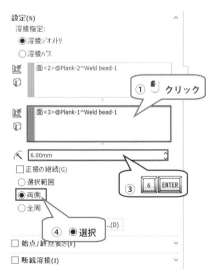

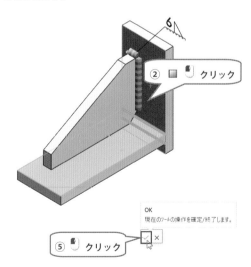

9. **すみ肉（全周）の溶接ビードを追加**します。

Command Manager【**アセンブリ**】より 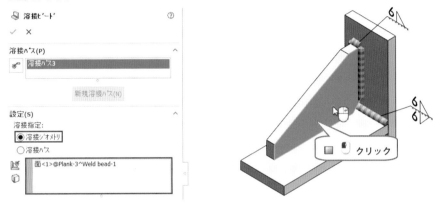[**アセンブリフィーチャー**]を クリックして**展開**し、[**溶接ビード**]を クリック。

10. Property Manager に「 **溶接ビード**」が表示されます。

「**溶接-始点**」の**選択ボックスがアクティブ**になっているので、下図に示す構成部品の ■面を クリックして選択します。

11. 「**溶接-終点**」の**選択ボックスをアクティブ**にし、下図に示す構成部品の ■面を クリックして選択します。

「**ビードサイズ**」（脚長）に <[6][ENTER]> と 入力します。

「**全周**」を ◉選択すると、**選択した面またはエッジ、およびすべての隣接する面またはエッジに溶接ビードが適用**されます。 [**OK**]を クリックして確定します。

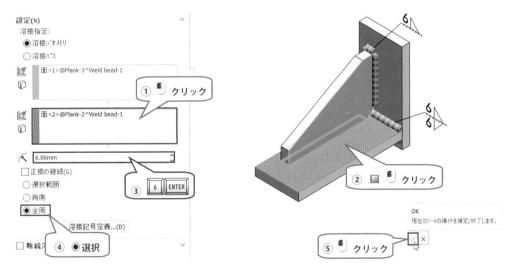

12. 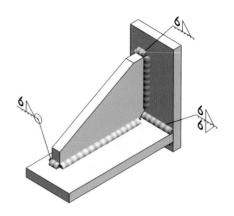 ［**保存**］にて｛🐝 **Weld bead**｝を**上書き保存**し、関連するファイルをすべて閉じます。

　　（※構成部品はすべて内部部品として保存してください。）

👍 *POINT* 溶接パス

このオプションを◉選択すると、**エンティティを選択するための選択ボックスが1つになります。**

グラフィックス領域より**溶接ビードを追加する**∥**エッジ**を🖱クリックして選択します。

「**正接の継続**」「**選択**」「**両側**」「**全周**」オプションは使用できません。

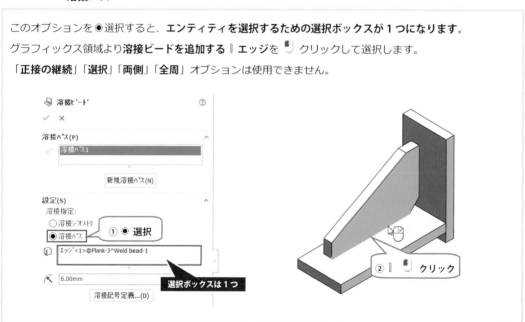

15.6 ベルト／チェーン

ベルトと滑車、チェーンとスプロケットによる機構のモデル化は、 ［ベルト／チェーン］により行います。

ベルトの長さを計算し、「**ベルトやチェーンとなる閉じたスケッチ**」および「**ベルト合致**」を作成します。

サンプルモデルを使用し、ベルト／チェーンフィーチャーを作成してみましょう。

1. ダウンロードフォルダー ｛📁 **Chapter15**｝よりアセンブリ ｛🔩 **Belt-chain**｝を開きます。

    3 つの滑車構成部品と滑車を取り付けるための固定部品があります。

Belt-chain.SLDASM

2. Command Manager【アセンブリ】より 🔲 ［**アセンブリフィーチャー**］を 🖱 クリックして**展開**し、
     ［**ベルト／チェーン**］を 🖱 クリック。

3. Property Manager に「 🔗 **ベルト／チェーン**」が表示されます。

    「**滑車構成部品**」の**選択ボックスがアクティブ**になっているので、下図の示す **3 つの滑車構成部品の**

    🔲 **円筒面**を 🖱 クリックして選択します。グラフィックス領域に**ベルトを示す輪郭を黄色でプレビュー**します。

    滑車の順番は、**リストより滑車を選択**して ⬆ と ⬇ を 🖱 クリックすると**変更**できます。

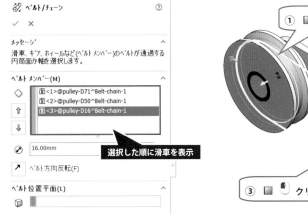

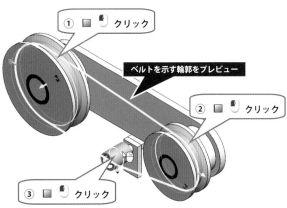

4. 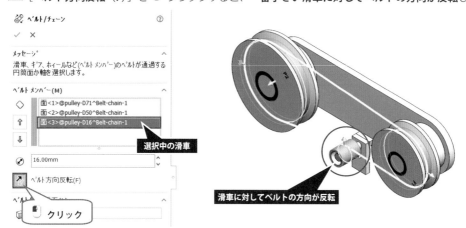 ［ベルト方向反転（**F**）］を クリックすると、**一番小さい滑車に対してベルトの方向が反転**します。

5. 「駆動アイテム（**D**）」をチェック ON（☑）にすると、**ベルトの長さの入力ボックスがアクティブ**になるので
<[4][9][0][ENTER]> と 入力します。

> （※少なくとも 1 つの滑車構成部品が適切な自由度を持っている必要があり、このモデルではスロット合致を使用して自由度を持たせています。）
> （※スロット合致が SOLIDWORKS2014 以降の機能であるため、以前バージョンは「駆動アイテム（**D**）」をチェック OFF（□）にします。）

「ベルトの厚み使用（**T**）」をチェック ON（☑）にすると、**ベルトの厚みの入力ボックスがアクティブ**になるので、<[2][ENTER]> と 入力します。

「ベルト実行（**A**）」をチェック ON（☑）にします。
このオプションを有効にすると、**1 つの滑車を回転させると関連する他の滑車が回転**します。
チェック OFF（□）にした場合、**滑車は単独で回転**します。

 ［**OK**］を クリックして確定します。

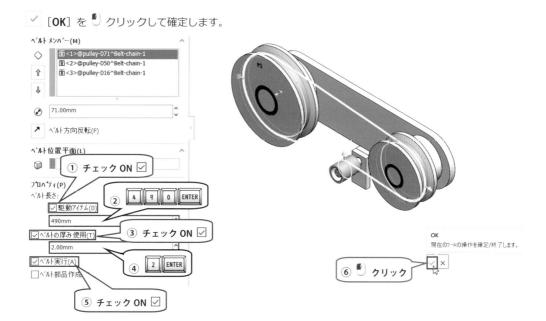

6. Feature Manager デザインツリーの {⚙ **合致**} フォルダーの下に《 ⚙ **ベルト 1（長さ=490mm）**》が追加されます。《 ⚙ **ベルト 1（長さ=490mm）**》を▼展開し、《 ⊏ **(-)スケッチ 1**》があることを確認します。

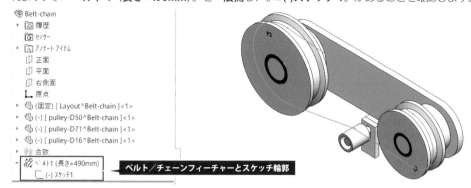

ベルト／チェーンフィーチャーとスケッチ輪郭

7. 🖫 ［**保存**］にて {⚙ **Belt-chain**} を**上書き保存**し、関連するファイルをすべて閉じます。

（※構成部品はすべて内部部品として保存してください。）

👉 *POINT* **ベルト位置平面**

「**ベルト位置平面（L）**」は、ベルトの**スケッチ平面を変更**できます。

選択ボックスをアクティブにし、「**平らな面**」「**参照平面**」「**頂点**」のいずれかを選択します。

👉 *POINT* **ベルト部品作成**

「**ベルト部品作成（C）**」をチェック ON（☑）にすると、**ベルトスケッチを含む新しい構成部品**を作成します。

チェック ON ☑

ベルトスケッチを含む新しい構成部品

15.7 アセンブリフィーチャーのパターン化

アセンブリフィーチャーを「**直線状**」「**円形状**」「**テーブル駆動**」「**スケッチ駆動**」の各パターンでコピーできます。

⚠ 穴シリーズはシードとして選択できません。

15.7.1 直線パターン

アセンブリフィーチャーを**直線状に個数や距離を指定してコピー**します。

1. ダウンロードフォルダー｛ **Chapter15**｝よりアセンブリ｛ **Pattern-1**｝を開きます。

   アセンブリフィーチャーの [**穴ウィザード**] で作成した《 **M6 丸皿ねじ用皿穴 1**》があります。

Pattern-1.SLDASM

2. Command Manager【アセンブリ】より [**アセンブリフィーチャー**] を クリックして**展開**し、

   [**直線パターン（L）**] を クリック。(※アセンブリフィーチャーがある場合のみ表示されます。)

3. Property Manager に「 **直線パターン**」が表示されます。

   「**方向 1**」の「**パターン方向**」の**選択ボックスがアクティブ**で、「**間隔とインスタンス（S）**」が◉選択されています。グラフィックス領域より下図に示す **直線エッジ**を クリックして選択します。

   ハンドルが逆方向になった場合は、 [**反対方向**] を クリックして**ハンドルの方向を反転**させます。

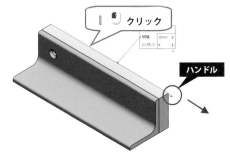

4. 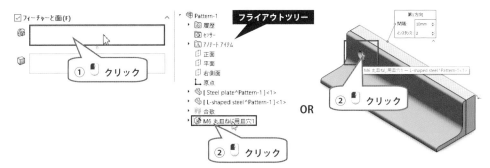 「**パターン化するフィーチャー**」の**選択ボックスをアクティブ**にし、**フライアウトツリー**または
グラフィックス領域より《 M6 丸皿ねじ用皿穴1》を クリックして選択します。

5. 「**方向1**」の 「**間隔**」に< 5 0 ENTER >、 「**インスタンス数**」に< 4 ENTER >と 入力します。
プレビューを確認し、 [**OK**] を クリックして確定します。

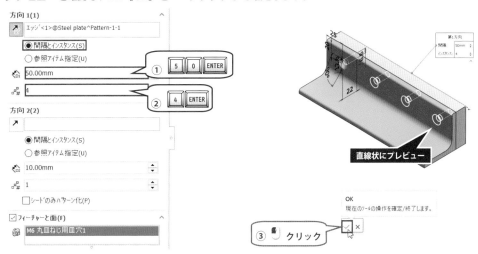

6. Feature Manager デザインツリーの**最下部**に《 **直線パターン1**》が**追加**されます。

 [**フィーチャー編集**] にて**個数や距離などのパラメータを編集**できます。

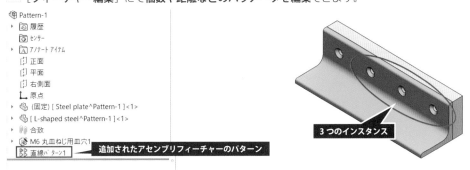

7. [**保存**] にて { **Pattern-1**} を**上書き保存**し、関連するファイルをすべて閉じます。

（※構成部品はすべて内部部品として保存してください。）

15.7.2 円形パターン

アセンブリフィーチャーを**円形状に個数や距離を指定してコピー**します。

1. ダウンロードフォルダー {　**Chapter15**} よりアセンブリ {　**Pattern-2**} を開きます。

   アセンブリフィーチャーの 　[**穴ウィザード**] で作成した《　**M6 丸皿ねじ用座ぐり穴1**》があります。

Pattern-2.SLDASM

2. Command Manager【**アセンブリ**】より 　[**アセンブリフィーチャー**] を 　クリックして**展開**し、

   　[**円形パターンの挿入（I）**] を 　クリック。(※アセンブリフィーチャーがある場合のみ表示されます。)

3. Property Manager に「　**円形パターン1**」が表示されます。

   　「**パターン化するフィーチャー**」の**選択ボックスがアクティブ**になっているので、**フライアウトツリー**
   またはグラフィックス領域より《　**M6 丸皿ねじ用座ぐり穴1**》を 　クリックして選択します。

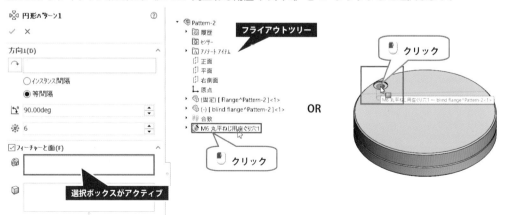

4. 「**方向1**」の「**パターン軸**」の選択ボックスを**アクティブ**にし、グラフィックス領域より下図に示す
　　構成部品の▯**円エッジ**を▯クリックして選択します。

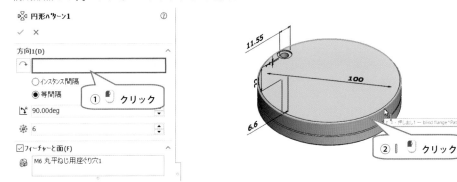

5. 「**等間隔**」を◉選択し、⤢「**角度**」に< 3 6 0 ENTER >、⛃「**インスタンス数**」に< 8 ENTER >と
　　⌨入力します。プレビューを確認し、✓［**OK**］を▯クリックして確定します。

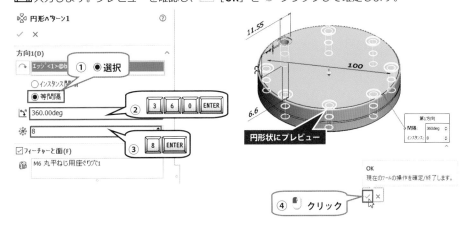

6. Feature Manager デザインツリーの**最下部**に《🔀**円形パターン1**》が**追加**されます。

　　🔀［**フィーチャー編集**］にて**個数や距離などのパラメータを編集**できます。

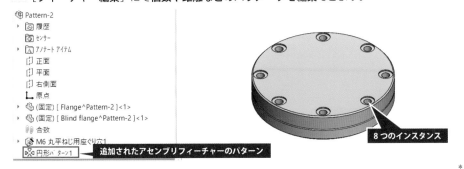

7. 💾［**保存**］にて｛🔀**Pattern-2**｝を**上書き保存**し、関連するファイルをすべて閉じます。

　　（※構成部品はすべて内部部品として保存してください。）

15.7.3 ミラー

アセンブリフィーチャーを**ミラーコピー**します。（※SOLIDWORKS2018以降の機能です。）

1. ダウンロードフォルダー{ **Chapter15**} よりアセンブリ{ **Pattern-3**} を開きます。

   左側の構成部品にアセンブリフィーチャー《 **M6 丸皿ねじ用皿穴 1**》があります。

Pattern-3.SLDASM

2. Command Manager【**アセンブリ**】より [**アセンブリフィーチャー**] を クリックして**展開**し、

   [**ミラー**] を クリック。（※アセンブリフィーチャーがある場合のみ表示されます。）

3. Property Manager に「 **ミラー**」が表示されます。

   「**ミラー面／平面 （M）**」の**選択ボックスがアクティブ**になっているので、**フライアウトツリー**または
   グラフィックス領域より《 **右側面**》を クリックして選択します。

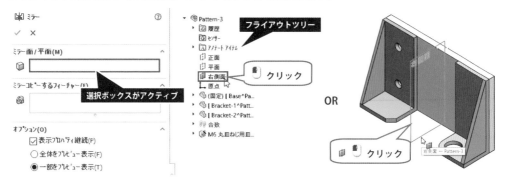

4. 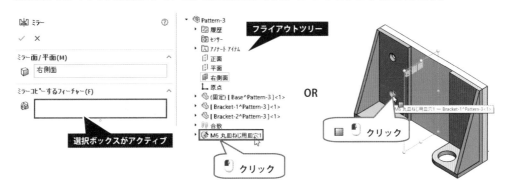 「**ミラーコピーするフィーチャー（F）**」の**選択ボックスがアクティブ**になるので、**フライアウトツリー**
またはグラフィックス領域より《 **M6　丸皿ねじ用皿穴 1**》を クリックして選択します。

5. 「**オプション（O）**」と「**フィーチャーのスコープ（F）**」は**デフォルトの設定のまま**にします。
プレビューを確認し、 [**OK**] を クリックして確定します。

6. Feature Manager デザインツリーの**最下部**に《 **ミラー1**》が**追加**されます。

[**フィーチャー編集**] にて**パラメータを編集**できます。

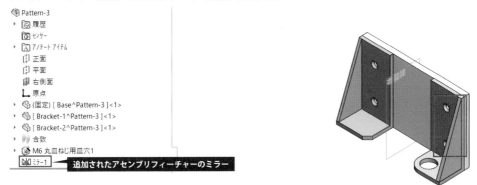

7. [**保存**] にて { **Pattern-3**} を**上書き保存**し、関連するファイルをすべて閉じます。

（※構成部品はすべて内部部品として保存してください。）

15.7.4 テーブル駆動パターン

アセンブリフィーチャーを**座標系と座標値を指定してパターン化**します。

1. ダウンロードフォルダー { **Chapter15**} よりアセンブリ { **Pattern-4**} を開きます。

   アセンブリフィーチャーの《 **カット-押し出し1**》と《 **座標系1**》が作成されています。

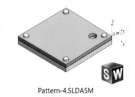

Pattern-4.SLDASM

2. Command Manager【アセンブリ】より [**アセンブリフィーチャー**] を クリックして**展開**し、

    [**テーブル駆動パターンの挿入（T）**] を クリック。(※アセンブリフィーチャーがある場合のみ表示されます。)

3. 『**テーブル駆動パターン**』ダイアログが表示されます。

   パラメータは Property Manager ではなく、このダイアログで設定します。

   「**コピーするフィーチャー（F）**」の**選択ボックスがアクティブ**になっているので、Feature Manager デザインツリーまたはグラフィックス領域より《 **カット-押し出し1**》を クリックして選択します。

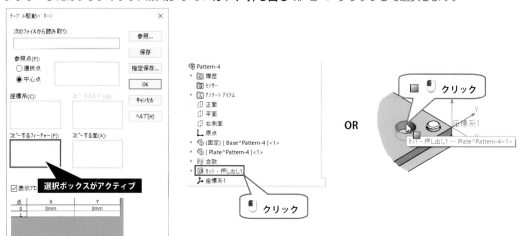

4. 「**座標系（C）**」の**選択ボックスをアクティブ**にし、Feature Manager デザインツリーまたはグラフィックス
領域より《**↓座標系1**》を 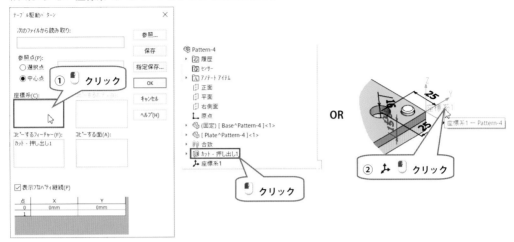 クリックして選択します。

5. **座標値**の「**点 0**」は、**シードの座標値を表示**しています。

空白セル [1] [X] を ×2 **ダブルクリック**すると**入力可能**になるので、<- 9 5 ENTER> と入力し
ます。

6. 同様の方法で下図に示す**座標値**を入力します。

「**参照点（P）**」は、デフォルトで◉選択されている「**中心点**」を使用します。

任意の点を参照点にする場合は、「**選択点**」を◉選択し、頂点やスケッチ点を選択します。

プレビューを確認し、『**テーブル駆動パターン**』ダイアログの OK を クリック。

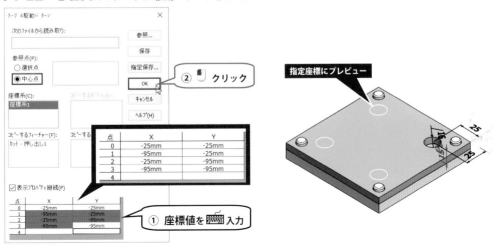

点	X	Y
0	-25mm	-25mm
1	-95mm	-25mm
2	-25mm	-95mm
3	-95mm	-95mm
4		

7. Feature Manager デザインツリーの**最下部**に《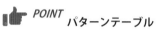**テーブルパターン 1**》が**追加**されます。

🔷 [**フィーチャー編集**] にて**パラメータを編集**できます。

8. 🔷 [**保存**] にて {🔷 **Pattern-4**} を**上書き保存**し、関連するファイルをすべて閉じます。

(※構成部品はすべて内部部品として保存してください。)

👉 *POINT* パターンテーブル

座標値をテキストファイル化したものを**パターンテーブル**といい、これを保存または読み込みができます。

『**テーブル駆動パターン**』ダイアログで**入力した座標値を保存する場合**は、 保存 または 指定保存 を
🔷 クリックします。『**名前を付けて保存**』ダイアログが表示されるので、**保存場所の選択、ファイル名を入力**
して 保存(S) を 🔷 クリックします。**ファイルの種類**は [**PattemTable (*.sldptab)**] です。

パターンテーブルを読み込む場合は、 参照 を 🔷 クリックして表示される『**開く**』ダイアログで
ファイルを選択し、 開く(O) を 🔷 クリックします。

ファイルはメモ帳などの**テキストエディタ**を開いて編集できます。
テキストファイルの列は、**左は X 座標**、**右が Y 座標**です。

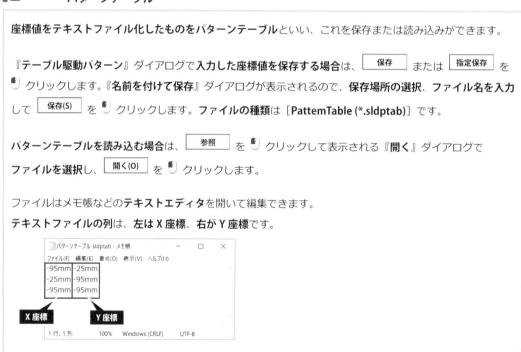

15.7.5 スケッチ駆動パターン

アセンブリフィーチャーは、**スケッチ点を参照してパターン化**できます。

1. ダウンロードフォルダー { **Chapter15**} よりアセンブリ {  **Pattern-5**} を開きます。

   点エンティティがある《⌐**配置点**》とアセンブリフィーチャーの《 **M6 丸皿ねじ用皿穴 1**》があります。

Pattern-5.SLDASM

2. Command Manager【アセンブリ】より [アセンブリフィーチャー] を クリックして**展開**し、

   [**スケッチ駆動パターンの挿入（S）**] を クリック。(※アセンブリフィーチャーがある場合のみ表示されます。)

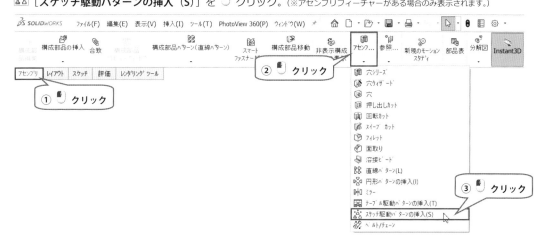

3. Property Manager に「 **スケッチ駆動パターン**」が表示されます。

   「**参照スケッチ**」の選択ボックスが**アクティブ**になっているので、**フライアウトツリー**または

   グラフィックス領域より《⌐**配置点**》を クリックして選択します。

4. 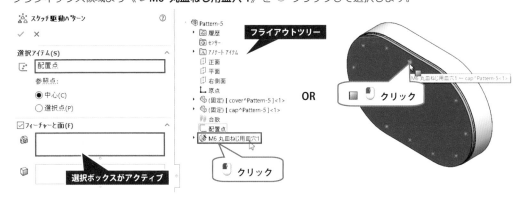 「**パターン化するフィーチャー**」の選択ボックスが**アクティブ**になるので、**フライアウトツリー**または グラフィックス領域より《 **M6 丸皿ねじ用皿穴1**》を クリックして選択します。

5. 「**参照点**」はデフォルトで ●選択されている「**中心点（C）**」を使用します。

　任意の点を参照点とする場合は、「**選択点（P）**」を ●選択し、頂点やスケッチ点を選択します。

　「**オプション（O)**」の「**表示プロパティ継続（P）**」オプションは、「**色**」「**テクスチャ**」「**ねじ山**」などを **パターンインスタンスに伝達する場合に有効**にします。プレビューを確認し、 **[OK]** を クリックして 確定します。

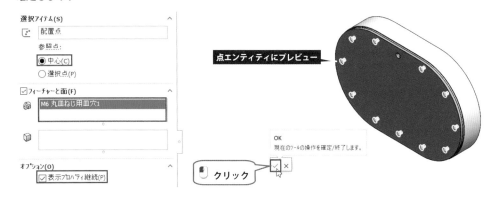

6. Feature Manager デザインツリーの**最下部**に《 **スケッチパターン1**》が**追加**されます。

　 [フィーチャー編集] にて**パラメータを編集**できます。

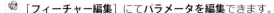

7. **[保存]** にて { **Pattern-5**} を**上書き保存**し、関連するファイルをすべて閉じます。

（※構成部品はすべて内部部品として保存してください。）

Chapter16

スマートファスナー

アセンブリにボルトやナットなどの機械要素を挿入するスマートファスナーについて説明します。

スマートファスナーとは

▶　サポートされている穴／されていない穴

▶　*SOLIDWORKS Toolbox のアドイン*

ファスナーの挿入と編集

▶　スマートファスナー挿入

▶　穴シリーズのスマートファスナー

▶　スマートファスナーの編集

▶　ファスナータイプの変更

16.1 スマートファスナーとは

スマートファスナーは **SOLIDWORKS Toolbox Library を使用した機能**で、アセンブリの構成部品に作成された
穴フィーチャーに**ボルトなどの標準部品を自動的に挿入**します。

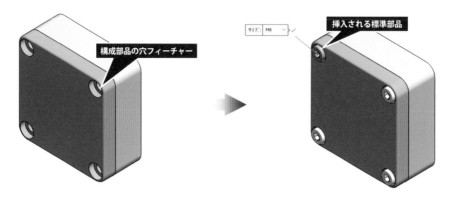

16.1.1 サポートされている穴／されていない穴

スマートファスナーで**サポートされている穴**、**サポートされていない穴**について説明します。

サポートされている穴

スマートファスナーでは、以下の穴をサポートしています。（※穴をパターン化したインスタンスを含みます。）

- 🕳 [**穴ウィザード**]、🕳 [**穴シリーズ**]、🕳 [**穴**] で作成された穴
- 🕳 [**押し出しカット**] で作成した単純な穴
- 🕳 [**回転カット**] で作成した穴

サポートされていない穴

以下の穴は、スマートファスナーでサポートされていません。

入れ子で作成した貫通穴

押し出しボスで作成される貫通穴（入れ子スケッチ）は、スマートファスナーによって認識されません。
スマートファスナーをサポートする穴がない場合、メッセージボックスに「**スマートファスナーの使用をサポー
トする穴は見つかりません。**」と表示されます。
穴を認識させるには、穴をカットフィーチャーで作成する必要があります。

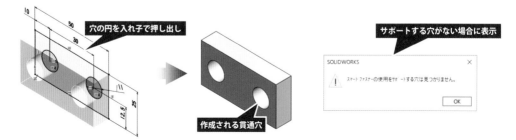

インポート部品

インポートされた部品の穴は、スマートファスナーによって認識されません。

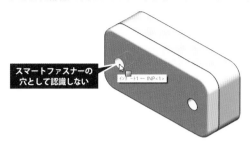

整列していない穴

構成部品間の穴が整列していない場合、スマートファスナーによって認識されません。

下図は**左側の穴が整列**、**右側の穴が不整列**です。ファスナーは**左側の穴のみ挿入**されます。

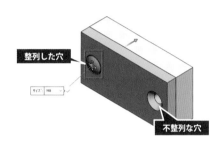
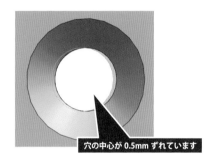

下図は、 [同心円] の ⤵ [不整列] オプションで**不整列のタイプ**を「**対称**」を選択しています。

この場合、**不整列を許容する**のでファスナーは **2 つの穴に挿入**されます。

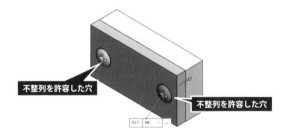

参照　アセンブリ STEP1　7.6.4 同心円の不整列を許容 (P50)

特定のコマンドから作成される部品の穴

以下のコマンドによって作成された穴は、スマートファスナーによって認識されません。

- ［ボディの移動／コピー］にてコピーされたボディにある穴
- ［部品分割］にて作成された部品のボディにある穴
- ［部品］にて部品に挿入したボディにある穴
- パターン化したインスタンス構成部品の穴

スマートファスナーを使用するには、**SOLIDWORKS Toolbox Library** を**アドイン**する必要があります。

1. **標準ツールバー**の [⚙] [**オプション**] 右の [˅] を 🖱 クリック、メニューより [**アドイン**] を 🖱 クリック。
   または**タスクパネル**の [📦] [**デザインライブラリ**] を 🖱 クリックし、[🔩] [**Toolbox**] を 🖱 クリックして
   表示される *今アドイン* を 🖱 クリック。(※ *今アドイン* は『アドイン』ダイアログは表示されず、すぐにアドインします。)

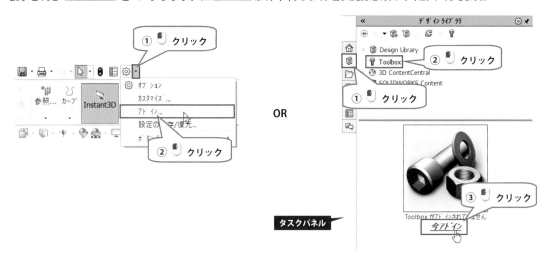

2. 『**アドイン**』ダイアログが表示されます。
   [**SOLIDWORKS Toolbox Library**] と [**SOLIDWORKS Toolbox Utilities**] をチェック ON (☑) にします。
   [OK] を 🖱 クリックすると **SOLIDWORKS Toolbox** を**ロード**して使用可能にします。

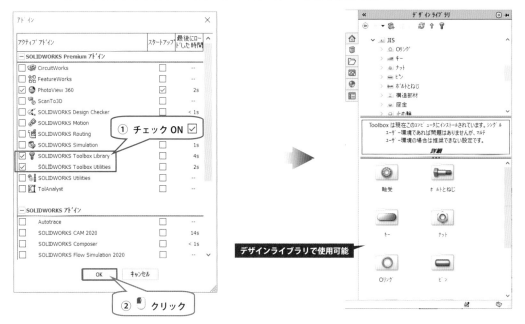

16.2 ファスナーの挿入と編集

アセンブリへの**ファスナー（ボルト、ナット、座金など）の挿入と編集方法**について説明します。

16.2.1 スマートファスナー挿入

[**穴ウィザード**] で作成された構成部品の**穴にファスナー（小ねじ）を追加**してみましょう。

1. ダウンロードフォルダー { **Chapter16**} よりアセンブリ { **Handrail**} を開きます。

Handrail.SLDASM

2. Command Manager 【**アセンブリ**】より [**スマートファスナー挿入**] を クリック。

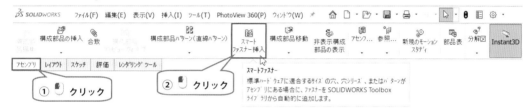

3. 下図のメッセージボックスが表示された場合は、 OK を クリック。

4. Property Manager に「 **スマートファスナー**」が表示されます。

   「**選択（S）**」の選択ボックスがアクティブになっているので、**ファスナーを挿入する穴を選択**します。

   下図に示す**穴の 円筒面**を クリックして選択し、 追加(D) を クリック。

   全て満たす(P) は、**すべての穴にファスナーを追加**します。

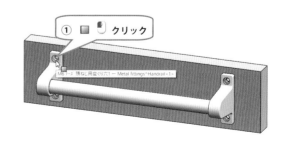

5. 選択した**穴にファスナー**（すりわり付きチーズ小ねじ JIS B 1101p1）が挿入されます。

   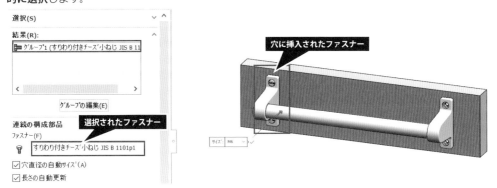 [穴ウィザード] で作成した穴の場合、**ファスナーのタイプは穴のタイプに一致**し、**適切なサイズを自動的に選択**します。

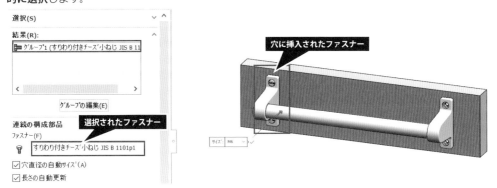

6. もう1つの構成部品にもファスナーを挿入します。

   「**選択（S）**」の**選択ボックスをアクティブ**にして下図に示す**穴の** ■ **円筒面を** 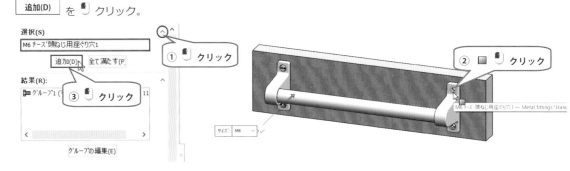 クリックして選択し、
   追加(D) を クリック。

7. **ねじの長さを設定**します。「**結果（R）**」より「**グループ1**」を クリックし、「**連続の構成部品**」の「**長さの自動更新**」を OFF （□）にし、「**プロパティ（P）**」の「**長さ**」から[**16**]を選択します。

8. 「**結果（R）**」より「**グループ2**」を クリックし、「**連続の構成部品**」の「**長さの自動更新**」を OFF （□）にし、「**プロパティ（P）**」の「**長さ**」から[**16**]を選択します。 [**OK**]を クリックして確定します。

9. Feature Manager デザインツリーの {🕸 **合致**} フォルダーの下に {📷 **スマートファスナー1**} フォルダーと {📷 **スマートファスナー2**} フォルダーが追加されます。フォルダーを▼**展開**して**ファスナー構成部品があ ることを確認**します。**ファスナー構成部品の合致は自動的に作成**されます。

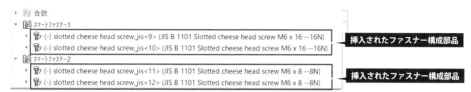

10. **ヘッズアップビューツールバー**の 🔲 [**断面表示**] を 🖱 クリックし、**状態を確認**します。

 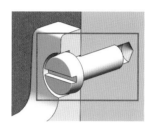

11. 🖫 [**保存**] にて {🕸 **Handrail**} を**上書き保存**し、関連するファイルをすべて閉じます。

（※構成部品はすべて内部部品として保存してください。）

16.2.2 穴シリーズのスマートファスナー

🔲 [**穴シリーズ**] の「**ファスナーを配置**」オプションを使用して**ファスナーを追加**できます。

1. ダウンロードフォルダー {📁 **Chapter16**} よりアセンブリ {🕸 **Square flange**} を開きます。

Square flange.SLDASM

2. Feature Manager デザインツリーで**穴シリーズ**《🕸 **M8 すきま穴 1**》を 🖱 クリックし、 **コンテキストツールバー**より 📷 [**フィーチャー編集**] を 🖱 クリック。

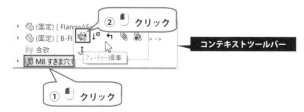

3. Property Manager の 🖾【**スマートファスナー**】タブを 🖱 クリックし、「**ファスナーオプション**」の
「**ファスナーを配置（P)**」をチェック ON（☑）にします。

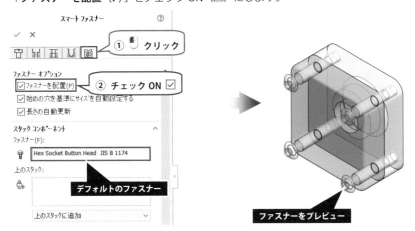

4. その他のパラメータは**デフォルトのままで**、✓ [**OK**] を 🖱 クリックして確定します。

5. Feature Manager デザインツリーに {🖾 **スマートファスナー1**} フォルダーが追加されます。
{🖾 **スマートファスナー1**} フォルダーの中にデフォルトのファスナー（ボルト）があることを確認します。

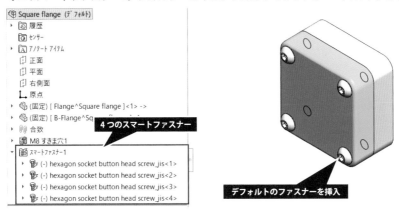

6. 🖫 [**保存**] にて {🌐 **Square flange**} を**上書き保存**し、関連するファイルをすべて閉じます。
（※構成部品はすべて内部部品として保存してください。）

16.2.3　スマートファスナーの編集

既存のスマートファスナーは、次の3つの方法で編集できます。

方法1

Feature Manager デザインツリーで｛📓 **スマートファスナー***｝フォルダーを 🖱 右クリックし、メニューより［**スマートファスナー編集（A）**］を 🖱 クリックします。

（※穴シリーズのファスナーでは［**穴とスマートファスナー編集（A）**］になります。）

方法2

Feature Manager デザインツリーで｛📓 **スマートファスナー***｝フォルダーを▼展開して**個別のファスナー**を 🖱 右クリックし、メニューより［**Toolbox 構成部品編集（B）**］を 🖱 クリックします。

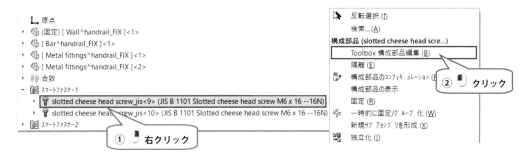

方法3

📓［**穴シリーズ**］の「**ファスナーを配置**」オプションを使用してファスナーを追加した場合、Property Manager の 📓 【**スマートファスナー**】タブで編集できます。

Feature Manager デザインツリーで穴シリーズフィーチャーを 🖱 クリックし、**コンテキストツールバー**より 📓［**フィーチャー編集**］を 🖱 クリックします。

Property Manager の 📓 【**スマートファスナー**】タブを 🖱 クリックしてパラメータを編集します。

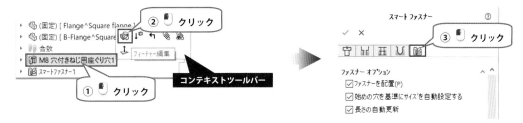

ファスナーの**タイプを変更する方法**について説明します。

1. ダウンロードフォルダー { **Chapter16**} よりアセンブリ { ® **Round flange**} を開きます。

Round flange.SLDASM

2. Feature Manager デザインツリーで { **スマートファスナー1**} フォルダーを 右クリックし、メニューより [**スマートファスナー編集 (A)**] を クリック。

3. **ボルトのタイプを変更**します。「**連続の構成部品**」に表示された**現在のファスナータイプ**を 右クリックし、メニューより [**ファスナータイプの変更 (A)**] を クリック。
   [**デフォルトのファスナーを使用 (B)**] をクリックすると、デフォルトのファスナーに置き換わります。
   (※バージョンによりデフォルトのファスナーが異なります。)

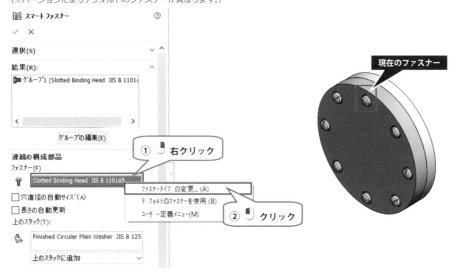

4. 『**スマートファスナー**』ダイアログが表示されるので、**任意のファスナーを選択**して ☐ OK ☐ を
☝ クリックすると、**選択したファスナーに変更**されます。

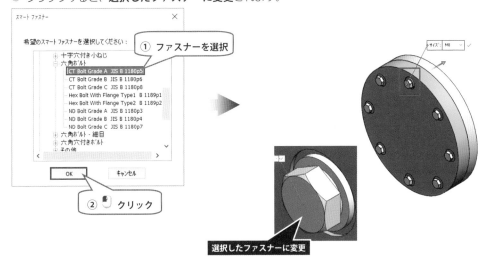

5. **上のスタックには座金が選択**されていますが、これを**削除**します。

「**上のスタック（T）**」で**現在のファスナータイプ**を ☝ 右クリックし、メニューより［**削除（B）**］を
☝ クリック。

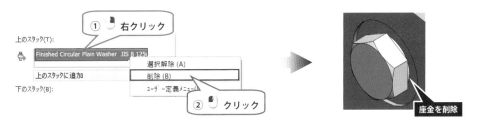

6. 💾 ［**保存**］にて｛🔩 **Round flange**｝を**上書き保存**し、関連するファイルをすべて閉じます。

（※構成部品はすべて内部部品として保存してください。）

👉 *POINT* **上のスタックに追加／下のスタックに追加**

ファスナー（ねじ）に**座金やナットなどを追加**できます。

ねじに座金を追加する場合、 ┌─ **上のスタックに追加** ∨ ┐ を ☝ クリックし、リストより挿入するファスナー
（座金）を選択します。ファスナーは複数追加できます。

ねじにナットを追加する場合、 ┌─ **下のスタックに追加** ∨ ┐ を ☝ クリックし、リストより挿入するファスナー
（ナット）を選択します。（※ボルト／ナットで締結する場合のみ設定可能です。）

POINT グループの編集

Property Manager の 「グループの編集(E)」 を 👆 クリックすると、「**結果 (R)**」に**ファスナーツリーを表示**します。

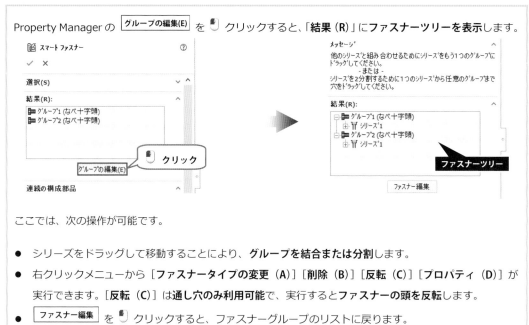

ここでは、次の操作が可能です。

● シリーズをドラッグして移動することにより、**グループを結合または分割**します。

● 右クリックメニューから [**ファスナータイプの変更 (A)**] [**削除 (B)**] [**反転 (C)**] [**プロパティ (D)**] が
実行できます。[**反転 (C)**] は**通し穴のみ利用可能**で、実行すると**ファスナーの頭を反転**します。

● 「ファスナー編集」 を 👆 クリックすると、ファスナーグループのリストに戻ります。

POINT 最新マーク

ファスナーを含む穴の大きさやタイプを変更すると、**警告やエラーが発生**する場合があります。

穴の大きさを変更した場合、下図の内容で『**エラー内容**』ダイアログが表示されます。

Feature Manager デザインツリーの { 📖 **スマートファスナー***} フォルダーに🔍カーソルを合わせると、
**吹き出しにメッセージ「警告：穴シリーズは変更されています。現在のファスナーが正しいか確認してくださ
い。」** が表示されます。

⚠警告をクリアする場合は、Feature Manager デザインツリーで**ファスナー**を 👆 右クリックし、メニュー
より [**最新マーク (B)**] を 👆 クリックします。

(※ [**最新マーク (B)**] で❌**エラーのリセット**はできません。**穴の形状を変更した場合**、⚠**警告**ではなく❌**エラー**が発生します。)

Chapter17

アセンブリテクニック

アセンブリモデリングで習得しておくと便利な操作や機能について説明します。

複数合致モード

合致と一緒にコピー

合致参照

- ▶ 合致参照の作成（ピン）
- ▶ 合致参照の作成（穴にピン）
- ▶ 合致参照を使用した合致
- ▶ 合致参照のキャプチャー

スマート構成部品

- ▶ スマート構成部品の作成
- ▶ スマートフィーチャーの挿入
- ▶ 自動サイズ

合致コントローラ

- ▶ 合致コントローラの作成
- ▶ ドラッグして位置を追加
- ▶ 合致コントローラのアニメーション
- ▶ 位置からコンフィギュレーションを作成
- ▶ モーションスタディでアニメーション作成

17.1 複数合致モード

複数合致モードは、**複数の合致が合致エンティティを使用している場合に有効な操作**です。

サンプルモデルを使用して複数合致モードで合致を追加してみましょう。

1. ダウンロードフォルダー｛ **Chapter17**｝の｛ **Sample model-1**｝よりアセンブリ｛ **Ballpoint pen**｝を開きます。このアセンブリには、1つの固定された構成部品と5つの未定義の構成部品があります。

Ballpoint pen.SLDASM

2. Command Manager【**アセンブリ**】タブより ▧ [**合致**] を クリック。

3. Property Manager の ▧ [**複数合致モード**] を クリック。

▧ 「**合致エンティティ**」の **選択ボックスがアクティブ**になるので下図に示す《 **(固定)Main case**》の ▧ **円筒面**を クリックして選択します。選択したエンティティを「**共通合致エンティティ**」といい、他の構成部品はこれを**共通の合致エンティティ**にします。

4. 「**構成部品参照**」の**選択ボックスがアクティブ**になります。

「**共通合致エンティティ**」で選択した ▧ **円筒面**に対し、**同心円になる構成部品のエンティティを選択**します。下図に示す《 **(-)Core**》の ▧ **円筒面**を クリックして選択します。

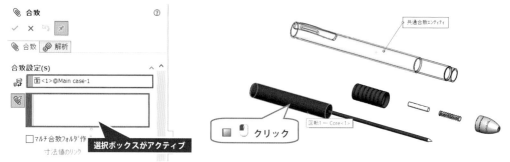

5. 《 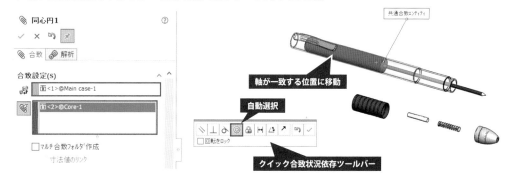 (-)Core》が**移動**し、選択した **2 つの** ■ **円筒面の軸が一致**します。

   クイック合致状況依存ツールバーでは ⊚ [**同心円**] が**自動的に選択**されます。

   (※続けて合致を追加するので、まだ ✓ [合致の追加／終了] は クリックしません。)

6. 続けて構成部品のエンティティを選択します。

   下図に示す《 (-)Grip》の ▍ **円形エッジ**を クリックして選択します。

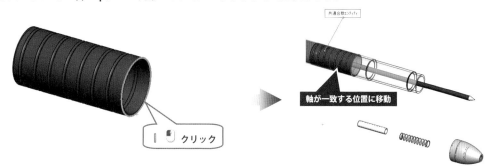

7. 下図に示す《 (-)Pin》の ■ **円筒面**を クリックして選択します。

8. 下図に示す《 (-)Spring》の ▍ **円形エッジ**を クリックして選択します。

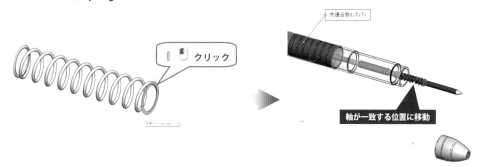

9. 下図に示す《🖐(-)Cap》の■**円筒面**を🖱 クリックして選択します。

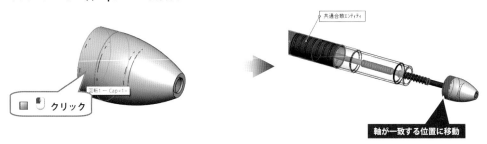

10. **クイック合致状況依存ツールバー**の ☑[**合致の追加／終了**] を🖱 クリックして確定します。

11. Property Manager または**確認コーナー**の ☑[**OK**] ボタンを🖱 クリックして 📎[**合致**] を終了します。
    Feature Manager デザインツリーの {📎**合致**} フォルダーに **5 つの同心円合致が追加**されます。

12. 下図の**断面図**を参考に《🖐(-)Core》《🖐(-)Grip》《🖐(-)Pin》《🖐(-)Spring》《🖐(-)Cap》に 📐[**一致**] を
    追加します。

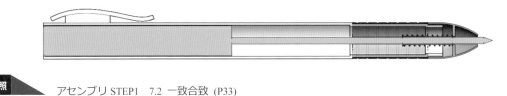

> **参照** アセンブリ STEP1　7.2　一致合致 (P33)

13. Property Manager または**確認コーナー**の ☑[**OK**] ボタンを🖱 クリックして 📎[**合致**] を終了します。

14. 🖫[**保存**] にて {🖐**Ballpoint pen**} を**上書き保存**して閉じます。

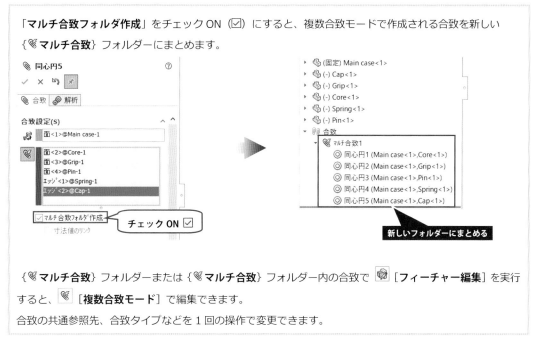

POINT マルチ合致フォルダ作成

「**マルチ合致フォルダ作成**」をチェック ON（☑）にすると、複数合致モードで作成される合致を新しい
{**❀マルチ合致**} フォルダーにまとめます。

{**❀マルチ合致**} フォルダーまたは {**❀マルチ合致**} フォルダー内の合致で [**フィーチャー編集**] を実行
すると、[**複数合致モード**] で編集できます。

合致の共通参照先、合致タイプなどを 1 回の操作で変更できます。

17.2 合致と一緒にコピー

[**合致と一緒にコピー（C）**] は、**合致を含めてインスタンスをコピー**できます。

インスタンスに新しい合致を追加する必要はないので、**インスタンスが多い場合に効果的**です。

1. ダウンロードフォルダー { **Chapter17**} の { **Sample model-2**} よりアセンブリ { **Stairs**} を開きます。
   構成部品《 **Tread board**》を合致（1 つの [**一致**] と 2 つの [**同心円**]）を含めてコピーします。

Stairs.SLDASM

2. メニューバーの [**挿入（I）**] > [**構成部品（O）**] > [**合致と一緒にコピー（C）**] を クリック。

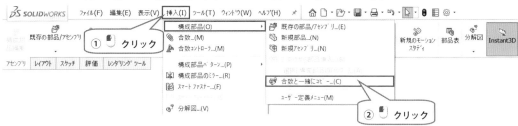

3. Property Manager に「🖫 合致と一緒にコピー」の「ステップ 1：構成部品の選択」が表示されます。

「選択構成部品（S)」の選択ボックスがアクティブになっているので、《🖫 Tread board》を 🖱 クリックして選択し、⊕ ［次へ］を 🖱 クリック。（※SOLIDWORKS2014 以前バージョンには、ステップがありません。）

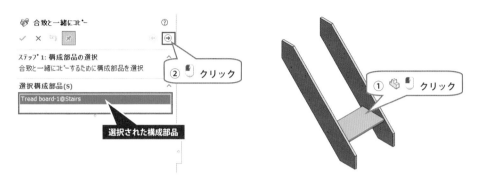

4. 「ステップ 2：合致設定」が表示されます。

ここではコピーした構成部品の**新しい参照エンティティを選択**します。

✕ 「一致 1」の「次に合致させる新規エンティティ」の選択ボックスがアクティブになっているので、下図に示す《🖫 (固定)Side plate R》の ▣ 平らな面を 🖱 クリックして選択します。

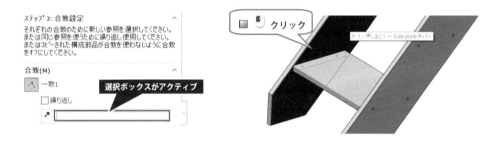

5. ◎ 「同心円 1」の「次に合致させる新規エンティティ」の選択ボックスがアクティブになるので、下図に示す《🖫 (固定)Side plate R》の穴の ▣ 円筒面を 🖱 クリックして選択します。

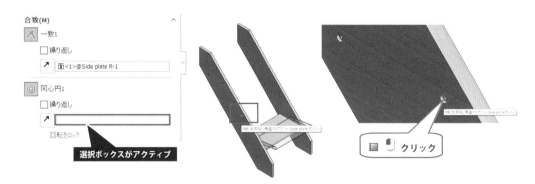

6. 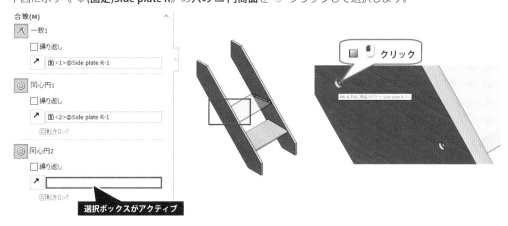「同心円2」の「次に合致させる新規エンティティ」の選択ボックスが**アクティブ**になるので、
下図に示す《🐾 (固定)Side plate R》の穴の ■ 円筒面を クリックして選択します。

7. Property Manager に「**構成部品は配置されました。「OK」を押して他の構成部品してください。**」と
メッセージが表示されます。 ✓ [**OK**] ボタンを クリックすると、**構成部品と合致がコピー**されます。

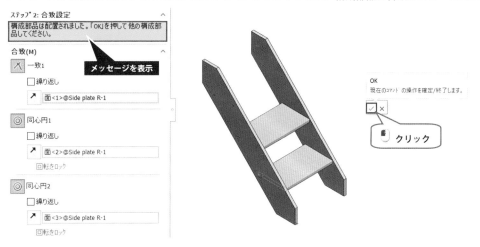

8. 「**ステップ2：合致設定**」の**選択ボックスがクリア**されます。
同様の方法で **3 段目の踏板の合致エンティティを選択**し、 ✓ [**OK**] ボタンを クリック。

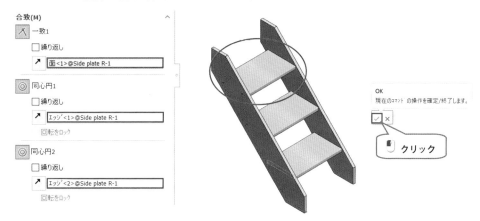

9. Property Manager または**確認コーナー**の ✖ ［**キャンセル**］を 🖱 クリックして**操作を終了**します。

10. 🗾 ［**スマートファスナー挿入**］にて**ファスナーを挿入**します。

    ファスナーのタイプは任意のものを選択してください。（※下図は「**すりわり付き丸平小ねじ JIS B 1101a8**」）

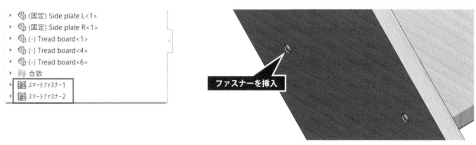

ファスナーを挿入

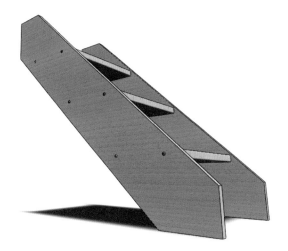

参照　16.2.1 スマートファスナー挿入 (P133)

11. 💾 ［**保存**］にて｛🪜 **Stairs**｝を**上書き保存**して閉じます。

17.3 合致参照

合致参照は**アセンブリに部品を挿入する際に役立つ機能**です。合致のタイプや合致エンティティを設定しておくことで、**部品をアセンブリに挿入すると同時に合致を追加**できます。

ここでは**合致参照の作成方法、合致参照を利用した合致の追加方法**について説明します。

17.3.1 合致参照の作成（ピン）

既存の部品に  ［**同心円**］を追加するための**合致参照を作成**します。

1. ダウンロードフォルダー｛ **Chapter17**｝の｛ **Sample model-3**｝より部品｛ **Shaft**｝を開きます。

Shaft.SLDPRT

2. Command Manager【**フィーチャー**】タブより ［**参照ジオメトリ**］を クリックして**展開**し、
   ［**合致参照**］を クリック。

3. Property Manager に「 **合致参照**」が表示されます。

   「**メイン参照エンティティ（P）**」の**選択ボックスがアクティブ**になっているので、下図に示す ■**円筒面**を クリックして選択します。

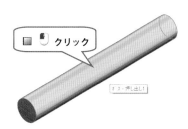

4. 「**合致参照のタイプ**」は［**デフォルト**］、 ↗ 「**合致参照の整列状態**」は［**任意**］を使用します。

   この設定で、この部品をアセンブリに挿入する際に ◎ ［**同心円**］を追加できます。

   「**参照名（N）**」に＜**ピン**＞と ⌨ 入力し、✓ ［**OK**］を 🖰 クリックして確定します。

5. Feature Manager デザインツリーに｛🗀 **合致参照**｝フォルダーと、その中に**合致参照**《◎ **ピン-<1>**》が
   作成されます。

6. 🖫 ［**保存**］にて｛🕸 **Shaft**｝を**上書き保存**します。

17.3.2 *合致参照の作成（穴にピン）*

既存の部品に ◎ ［**同心円**］と ⋏ ［**一致**］を追加するための**合致参照を作成**します。

1. ダウンロードフォルダー｛📁 **Chapter17**｝の｛📁 **Sample model-3**｝より部品｛🕸 **Wheel**｝を開きます。

   Wheel.SLDPRT

2. Command Manager【**フィーチャー**】タブより 🖳 ［**参照ジオメトリ**］を 🖰 クリックして**展開**し、
   🖳 ［**合致参照**］を 🖰 クリック。

3. Property Manager に「🕮 合致参照」が表示されます。🔗「メイン参照エンティティ（P）」の選択ボックスがアクティブになっているので、下図に示す 🔘 円形エッジを 🖱 クリックして選択します。

4. 🔗「合致参照のタイプ」は［デフォルト］、↗「合致参照の整列状態」は［近い側］を選択します。

［近い側］は、合致する際のカーソル位置により面が反転します。

この設定で、この部品をアセンブリに挿入する際に ◎［同心円］と 🔨［一致］を追加できます。

「参照名（N）」に＜穴にピン＞と ⌨ 入力し、✓［OK］を 🖱 クリックして確定します。

（※SOLIDWORKS2011以前バージョンは、合致参照で「穴にピン」が使用できません。一致と同心円どちらかを選択します。）

5. Feature Manager デザインツリーに｛📁 合致参照｝フォルダーと、その中に合致参照《🕮 穴にピン-<1>》が作成されます。

6. 💾［保存］にて｛🎡 Wheel｝を上書き保存します。

17.3.3 合致参照を使用した合致

アセンブリに合致参照を作成した構成部品を挿入します。**挿入と同時に合致が追加**できます。

1. ダウンロードフォルダー｛📁 Chapter17｝の｛📁 Sample model-3｝よりアセンブリ｛🎡 Wooden car｝を開きます。

Wooden car.SLDASM

2. アセンブリ {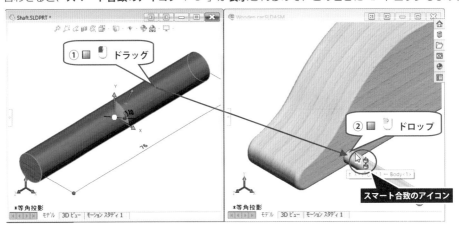 Wooden car} と部品 { Shaft} の**ウィンドウを並べて表示**します。
下図に示す { Shaft} の ■ **円筒面**を ドラッグし、{ Wooden car} の**穴の** ■ **円筒面**にカーソルを
合わせると、**スマート合致のアイコン**「 」が**表示**されるので、このときに ドロップします。

3. **クイック合致状況依存ツールバー**が表示され、[同心円] が**自動的に選択**されます。
[合致の追加/終了] を クリックすると、{ Shaft} を**挿入と同時**に [同心円] が**追加**されます。

4. アセンブリの《 **右側面**》と《 (-) **Shaft<1>**》の《 **正面**》に [一致] の合致を追加します。

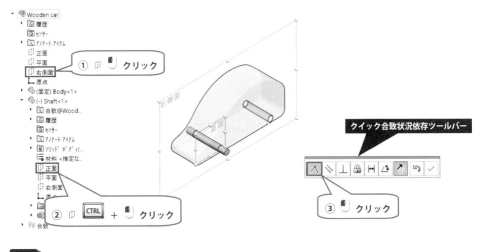

参照 ▶ アセンブリ STEP1 7.2 一致合致 (P33)

5. もう 1 つの穴にも {🐚 Shaft} を同様の方法で**合致参照を使用して挿入**します。

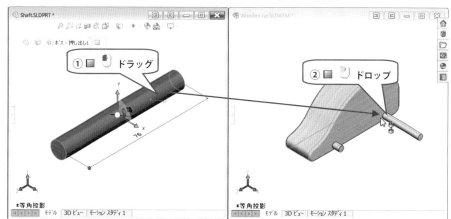

6. アセンブリの《🗗 右側面》と《🐚 (-) Shaft<2>》の《🗗 正面》に 🗡 [一致] の合致を追加します。

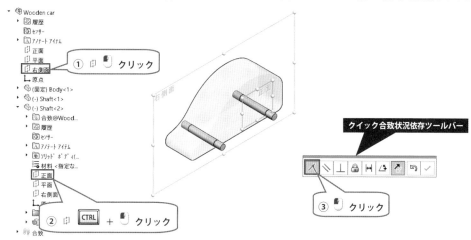

7. アセンブリ {🐚 Wooden car} と部品 {🐚 Wheel} の**ウィンドウを並べて表示**します。

下図に示す {🐚 Wheel} の ▮ **円形エッジを** 🖱 ドラッグし、《🐚 (-) Shaft<1>》の ▮ 円形エッジに

🔖 カーソルを合わせて**スマート合致のアイコン**「👍」を**表示**させます。

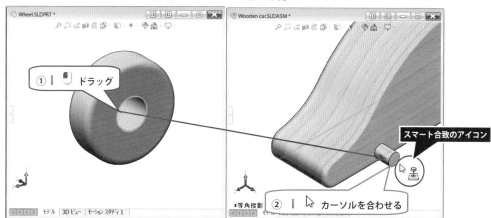

8. {🦷Wheel} の**向き**が**逆**になるので 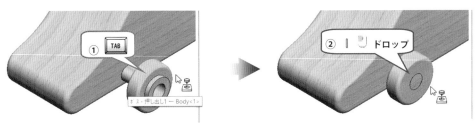 を押して**反転**してから 🖐️ ドロップ。

9. 残り3つの軸端にも**合致参照を使用**して {🦷Wheel} を**挿入**します。

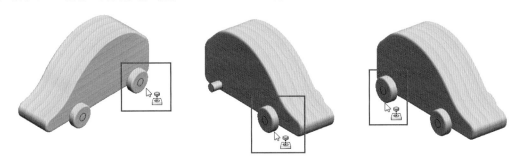

10. 🖫 [**保存**] にて {🦷Wooden car} を**上書き保存**し、関連するすべてのファイルを閉じます。

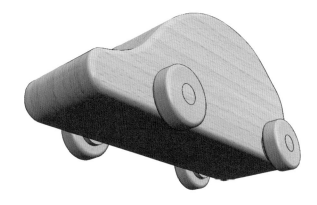

既存の合致を使用して合致参照を作成できます。これを**合致参照のキャプチャ**といいます。

1. ダウンロードフォルダー{ **Chapter17**}の{ **Sample model-4**}よりアセンブリ{ **Cover**}を開きます。
   このアセンブリには、１つの固定された構成部品と１つの未定義な構成部品があります。

Cover.SLDASM

2. **アセンブリの前後関係で構成部品を編集**します。Feature Manager デザインツリーより《 (-)Handle<1>》
   を クリックし、**コンテキストツールバー**より [**部品の編集（A）**] を クリック。

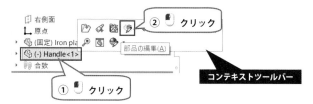

3. Command Manager【**フィーチャー**】タブより [**参照ジオメトリ**] を クリックして**展開**し、
   [**合致参照**] を クリック。

4. Property Manager に「 **合致参照**」が表示されます。
   「**キャプチャする参照（C）**」には、**既存の同心円合致の合致エンティティがリスト表示**されます。
   リストから**2つの参照エンティティ**を クリックして選択すると、 「**メイン参照エンティティ（P）**」と
   「**第2参照エンティティ（S)**」に選択されます。 [**OK**] を クリックして確定します。

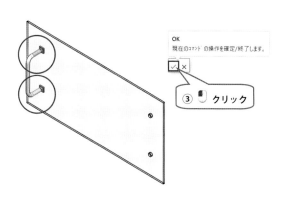

5. Feature Manager デザインツリーに {📁**合致参照**} フォルダーと、その中に合致参照《⬚**デフォルト-<1>**》が作成されます。

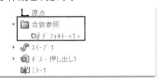

6. 🐾 [**構成部品編集**] を 🖱 クリックして**部品の編集を終了**します。

7. ダウンロードフォルダー {📁 **Chapter17**} の {📁 **Sample model-4**} より部品 {🧱 **Handle**} を開きます。

Handle.SLDPRT

8. アセンブリ {🧱 **Cover**} と部品 {🧱 **Handle**} の**ウィンドウを並べて表示**します。
下図に示す {🧱 **Handle**} の ▣**円筒面**を 🖱 ドラッグし、《🧱 **(固定)Iron plate**》の**穴の** ▣**円筒面**に
▷カーソルを合わせ、🔲TAB を押して**反転**してから 🖱 ドロップ。

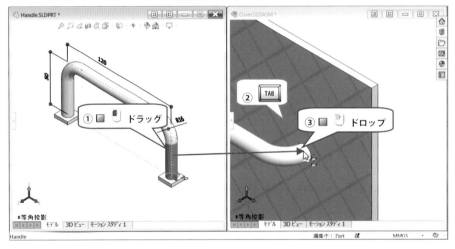

9. **クイック合致状況依存ツールバー**が表示され、◎ [**同心円**] が**自動的に選択**されます。
✓ [**合致の追加／終了**] の 🖱 クリックすると、{🧱 **Handle**} を挿入と同時に ◎ [**同心円**] が**追加**されます。

10. {🔧 **Handle**}の ▣**円筒面**と《🔧 **(固定)Iron plate**》のもう 1 つの**穴の** ▣**円筒面**に ◎ [**同心円**] の合致を
追加します。

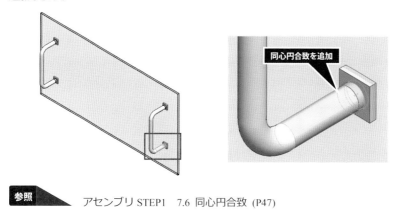

同心円合致を追加

参照　アセンブリ STEP1　7.6 同心円合致 (P47)

11. 🖫 [**保存**] にて {🔧 **Cover**} を**上書き保存**し、関連するすべてのファイルを閉じます。

17.4 スマート構成部品

スマート構成部品は、構成部品に**関連する構成部品（ファスナーなど）とフィーチャーを定義付けして保存**したものです。使用頻度が高い構成部品をスマート化することで、**アセンブリ作成の効率がアップ**します。

よく使用する金具部品がある場合、「**金具部品**」「**取付用のねじ**」「**取り付けるためのくぼみ（カットフィーチャー）**」を基に部品に**スマートフィーチャーを作成**します。スマートフィーチャーを作成した部品を**スマート構成部品**といいます。

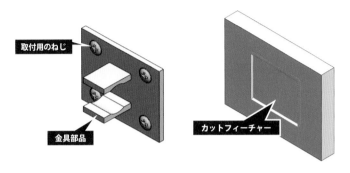

スマートフィーチャーを作成した構成部品をアセンブリに挿入し、壁に埋め込むように配置します。
構成部品からスマートフィーチャーの情報を読み込むと、「**取付用のねじ**」「**カットフィーチャー**」が**自動的に追加**されます。

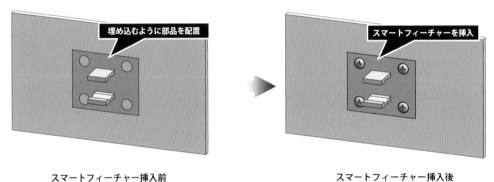

スマートフィーチャー挿入前　　　　　　　　　　スマートフィーチャー挿入後

スマート構成部品には、次のフィーチャーの関連付けが可能です。

- ［**押し出しボス／ベース**］
- ［**押し出しカット**］
- ［**回転ボス／ベース**］
- ［**回転カット**］
- ［**単一穴**］
- ［**穴ウィザード**］

17.4.1 スマート構成部品の作成

スマート構成部品の作成は、定義する構成部品が挿入された**アセンブリ内**で行います。

サンプルモデルを使用して**スマートフィーチャーを作成**してみましょう。

1. ダウンロードフォルダー {■ **Chapter17**} の {■ **Sample model-5**} よりアセンブリ {● **Smart features**} を開きます。構成部品《● **Hinge-1**》にスマートフィーチャーを作成します。

Smart features.SLDASM

2. [**スマートファスナー挿入**] を使用して《● **Hinge-1**》に**任意のファスナーを挿入**します。

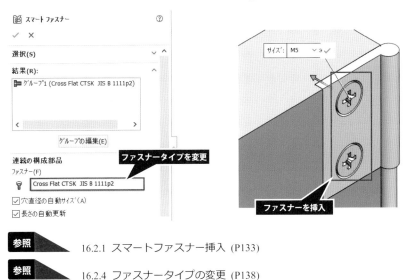

> **参照** 16.2.1 スマートファスナー挿入 (P133)

> **参照** 16.2.4 ファスナータイプの変更 (P138)

3. **メニューバーの [ツール (T)] > [スマート構成部品の作成 (S)] を クリック。**

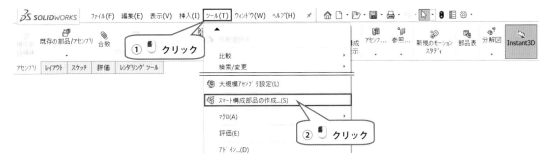

4. Property Manager に「🦅 **スマート構成部品**」が表示されます。

   🦅「**スマート構成部品（S）**」の**選択ボックスがアクティブ**になっているので、グラフィックス領域より
   《🦅 **Hinge-1**》を 🖱 クリックして選択します。

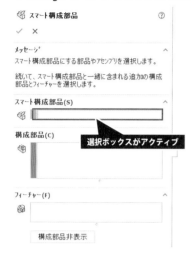

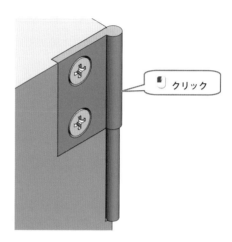

5. 🦅「**構成部品（C）**」の**選択ボックスがアクティブ**になるので、グラフィックス領域より **2 つのねじ部品**を
   🖱 クリックして選択します。

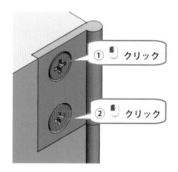

6. 🦅「**スマート化するフィーチャー**」の選択ボックスを**アクティブ**にすると、《🦅 **Hinge-1**》とファスナーが
   非表示になります。グラフィックス領域より下図に示す**押し出しカットで作成された** ◾**面**を 🖱 クリックし
   て選択します。**カットフィーチャーのスケッチと押し出しの状態**は《🦅 **Hinge-1**》に**外部参照**しています。

   | 構成部品の表示 | を 🖱 クリックすると《🦅 **Hinge-1**》と**ファスナーが表示**されます。

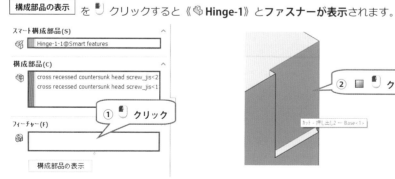

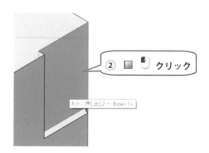

7. Property Manager または**確認コーナー**の ✓ ［**OK**］を 🖱 クリックして確定します。

8. 《🖐 **Hinge-1**》に｛🗐 **スマートフィーチャー**｝フォルダーが作成されます。

   ▼展開すると **3 つのフォルダー**があり、その中に「**カットフィーチャー**」「**ファスナー**」「**面**」があります。

9. 🖫 ［**保存**］にて｛🖐 **Smart features**｝を**上書き保存**し、関連するすべてのファイルを閉じます。

17.4.2 *スマートフィーチャーの挿入*

スマートフィーチャーを作成した部品（スマート構成部品）から**スマートフィーチャーを挿入**します。
スマートフィーチャーを挿入すると、**関連付けしたファスナーとフィーチャーが追加**されます。

1. ダウンロードフォルダー｛📁 **Chapter17**｝の｛📁 **Sample model-5**｝よりアセンブリ｛🖐 **Safety box**｝を
   開きます。スマートフィーチャーを作成した《🖐 **Hinge-1**》が**埋め込まれた状態で配置**されています。

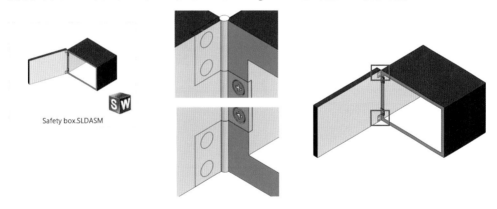

Safety box.SLDASM

2. Feature Manager デザインツリーより《🖐 **Hinge-1<1>->(A)**》を 🖱 右クリックし、メニューより
   🗐 ［**スマートフィーチャー挿入（Y）**］を 🖱 クリック。

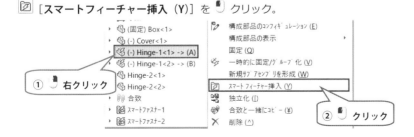

3. Property Manager に「⚙ **スマートフィーチャー挿入**」が表示され、ポップアップされたウィンドウで**参照面が青色で表示**されます。グラフィックス領域より**その面に相当する** ■ 面を 🖱 クリックして選択します。**選択した面に問題がないとき**、「**参照**」に ✓ **OK マークが表示**されます。

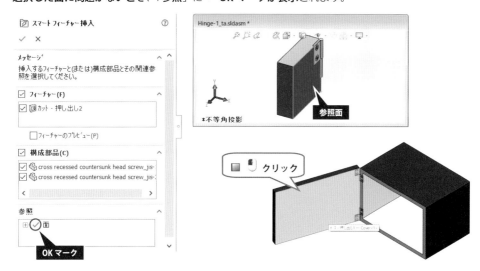

4. Property Manager または**確認コーナー**の ☑ [**OK**] を 🖱 クリックして確定します。

5. ファスナーと《⚙ **(-)Cover**》に**押し出しカットフィーチャーが追加**されます。

   {⚙ **Hinge-1-1**} フォルダーが作成され、**ツリー構造が変化**します。

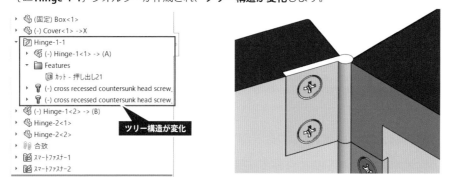

6. もう１つの《⚙ **Hinge-1<2>-->(B)**》にも**スマートフィーチャーを挿入**します。

   Feature Manager デザインツリーより《⚙ **Hinge-1<2>->(B)**》を 🖱 クリックして選択し、

   グラフィックス領域の《⚙ **Hinge-1<2>->(B)**》近くに表示された**アイコン「⚙」**を 🖱 クリック。

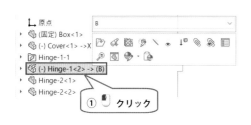

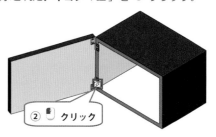

7. Property Manager に「 スマートフィーチャー挿入」が表示され、ポップアップされたウィンドウで**参照面が青色で表示**されます。グラフィックス領域より**その面に相当する** 面を クリックして選択します。**選択した面に問題がないとき、「参照」に** OK マークが表示されます。

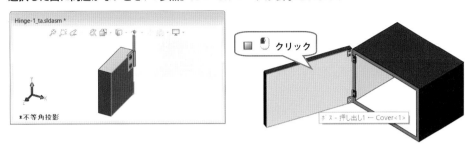

8. Property Manager または**確認コーナー**の [OK] を クリックして確定します。

9. ファスナーと《 (-)Cover》に**押し出しカットフィーチャーが追加**されます。

   { Hinge-1-2} フォルダーが作成され、**ツリー構造が変化**します。

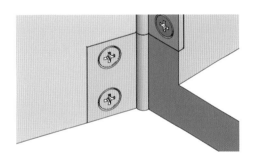

10. [保存] にて { Safety box} を**上書き保存**し、関連するすべてのファイルを閉じます。

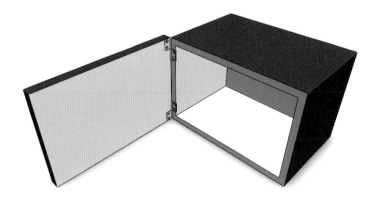

17.4.3 自動サイズ

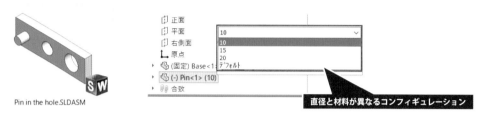 [スマート構成部品の作成（S）] の「自動サイズ」オプションを使用すると、スマートフィーチャー挿入時に**部品のサイズを自動的に調整**できます。部品には**合致参照**と**コンフィギュレーション**を作成しておく必要があります。**円筒形の部品に「自動サイズ」オプションを使用してスマートフィーチャーを作成**してみましょう。

1. ダウンロードフォルダー {📁 **Chapter17**} の {📁 **Sample model-6**} よりアセンブリ {🖐 **Pin in the hole**} を開きます。《🖐 (-)Pin<1><D6>》には**合致参照**（円筒面）と**直径と材料が異なるコンフィギュレーション**が作成してあります。

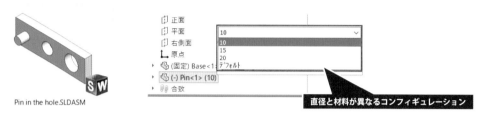

2. **メニューバー**の [**ツール（T）**] > 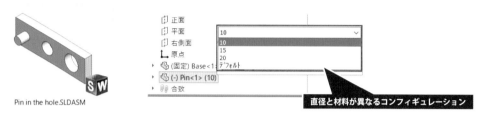 [**スマート構成部品の作成（S）**] を 🖱 クリック。

3. Property Manager に「🖐 **スマート構成部品**」が表示されます。

    「**スマート構成部品（S）**」の**選択ボックスがアクティブ**になっているので、グラフィックス領域より《🖐 (-)Pin<1>(D10)》を 🖱 クリックして選択します。

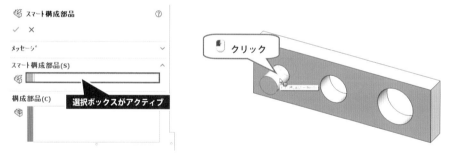

4. 「**自動サイズ変更**」の「**直径（D）**」をチェック ON（☑）にすると、🔘「**円筒面または軸**」の**選択ボックス**が**アクティブ**になるので、グラフィックス領域より《🖐 (-)Pin<1>(D6)》の ■ **円筒面**を 🖱 クリックして選択します。

5. コンフィギュレータテーブル を 🖱 クリックすると、『**コンフィギュレータテーブル**』ダイアログが表示されます。

ここでは、**コンフィギュレーションごとに適用する穴のサイズ（最小直径／最大直径）を設定**します。

下図のように ⌨ 入力し、OK(O) を 🖱 クリック。

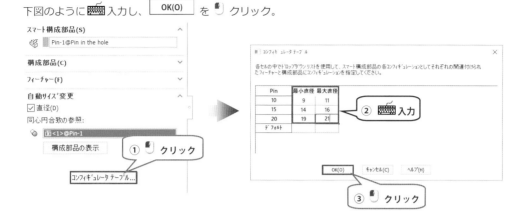

6. Property Manager または**確認コーナー**の ✓ [**OK**] を 🖱 クリックして確定します。

7. 《🖐 (-)Pin<1>(D10)》の { 📁 **合致参照**} フォルダーに《 ⚙ **SmartPartSensor-<1>**》が作成されます。

8. { 🖐 **Pin**} を構成部品として**挿入**し、**サイズの違う穴に配置**します。

Command Manager【**アセンブリ**】より 🖱 [**構成部品の挿入**] を 🖱 クリックし、『**開く**』ダイアログから
部品ファイル { 🖐 **Pin**} を選択します。

Pin.SLDPRT

9. グラフィックス領域の《🖐 (固定)Base》の穴に ⛶ **カーソルを移動**すると、**自動的にコンフィギュレーション
が切り替わることを確認**します。

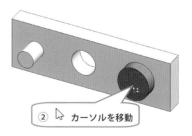

10. **穴で** 🖱 クリックすると**クイック合致状況依存ツールバー**が表示され、◎ ［同心円］が**自動的に選択**されます。 ✓ ［**合致の追加／終了**］の 🖱 クリックすると、{🧲 **Pin**} を**穴サイズに見合うコンフィギュレーション**で挿入し、◎ ［**同心円**］が**追加**されます。

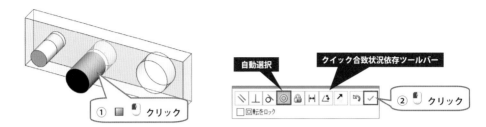

11. 同様の方法で、もう1つの穴にも{🧲 **Pin**} を配置します。

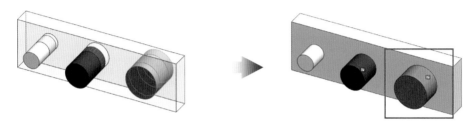

12. 🖫 ［**保存**］にて {🧲 **Pin in the hole**} を**上書き保存**し、関連するすべてのファイルを閉じます。

17.5 合致コントローラ

合致コントローラは、**構成部品を合致に基づき位置や角度を指定してアニメーションを作成する**機能です。

作成したアニメーションは、AVI などの**動画ファイルとして保存**できます。（※SOLIDWORKS2016 以降の機能です。）

サポートされる合致は、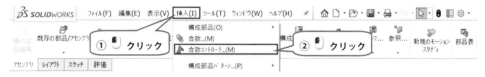 [角度]、 [角度制限]、 [距離]、 [距離制限]、 [パス合致]、 [スロット]、 [幅] です。（※ [パス合致]、[スロット]、[幅] は、使用できるオプションに制限があります。）

17.5.1 合致コントローラの作成

サンプルモデルを開き、**既存の合致を使用して合致コントローラを作成**してみましょう。

1. ダウンロードフォルダー { Chapter17} の { Sample model-7} よりアセンブリ { Arm with bucket} を開きます。このアセンブリには、3 つの [角度制限] の合致が作成されています。

Arm with bucket.SLDASM

2. メニューバーの [挿入 (I)] > [合致コントローラ (M)] を クリック。

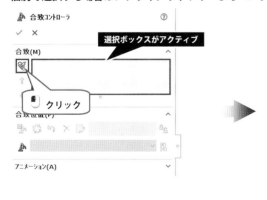

3. Property Manager に「 **合致コントローラ**」が表示されます。

「**合致 (M)**」の選択ボックスがアクティブになっているので、 [**サポートされるすべての合致を集める**] を クリックすると **3 つの角度制限合致が選択**されます。

個別で選択する場合は、**フライアウトツリー**より クリックして選択します。

4. 次に **3 つの角度制限合致の値**を設定し、**アニメーションの位置**（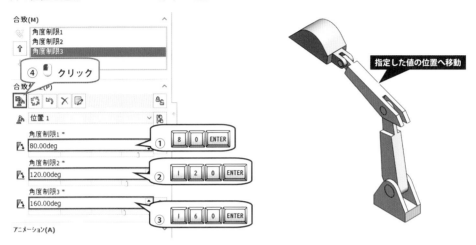[位置1]）として**追加**します。

   [Å]「**角度制限 1**」に<8 0 ENTER>、[Å]「**角度制限 2**」に<1 2 0 ENTER>、[Å]「**角度制限 3**」に

   <1 6 0 ENTER>と⌨️入力すると、グラフィックス領域で**構成部品がその位置に移動**します。

   次の位置を追加するために [位置を追加] を 🖱️ クリック。

5. 『**位置名指定**』ダイアログが表示され、「**位置名（P）**」に<**位置 2**>が**自動入力**されます。

   名前はそのままで OK を 🖱️ クリック。

6. [Å]「**角度制限 1**」に<4 5 ENTER>、「**アニメーション（A）**」の「**位置 2**」の「**時間**」に<3 ENTER>を

   ⌨️入力します。時間は、**位置 1 から位置 2 に移動する時間を秒単位で指定**します。

   次の位置を追加するために [位置を追加] を 🖱️ クリック。

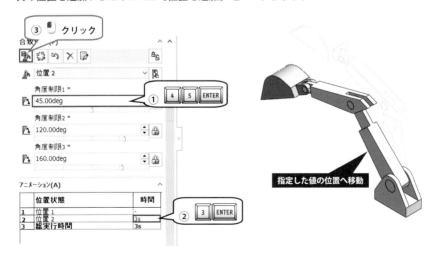

7. 『**位置名指定**』ダイアログが表示され、「**位置名（P）**」に＜**位置3**＞が**自動入力**されます。
　　名前はそのままで OK **を** クリック。

8. 「**角度制限2**」に＜ q 0 ENTER ＞、「**アニメーション（A）**」の「**位置3**」の「**時間**」に＜ 3 ENTER ＞を
　　入力します。**次の位置を追加**するために [位置を追加] を クリック。

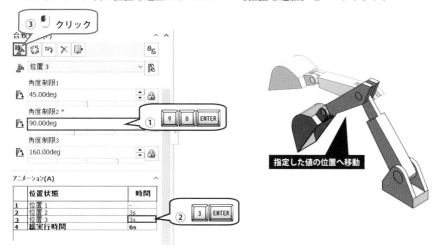

指定した値の位置へ移動

9. 『**位置名指定**』ダイアログが表示され、「**位置名（P）**」に＜**位置4**＞が**自動入力**されます。
　　名前はそのままで OK **を** クリック。

10. 「**角度制限3**」に＜ q 0 ENTER ＞、「**アニメーション（A）**」の「**位置4**」の「**時間**」に＜ 3 ENTER ＞を
　　入力します。 [OK] を クリックして**操作を終了**します。

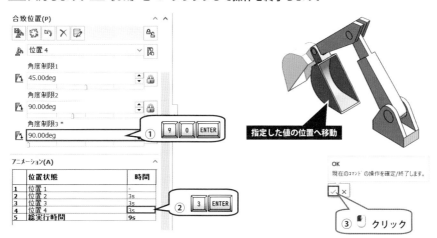

指定した値の位置へ移動

OK
現在のコマンド の操作を確定/終了します。

③ クリック

11. Feature Managerデザインツリーの {⚙**合致**} フォルダーの下に《⚙ **合致コントローラ**》が**追加**されます。

🖱 クリックして選択すると、**リストボックスに追加した位置がリスト表示**されます。

リストから [**位置1**] を選択して ✓ [**OK**] を 🖱 クリックすると、**その位置でアセンブリを表示**します。

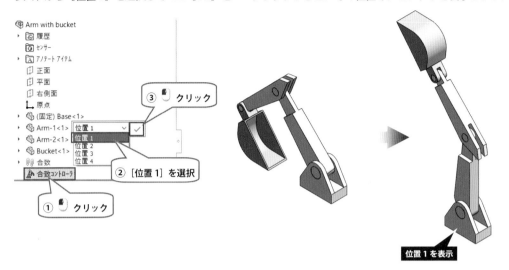

17.5.2 ドラッグして位置を追加

グラフィックス領域の**構成部品をドラッグして位置を追加**できます

1. FeatureManager デザインツリーで《⚙ **合致コントローラ**》を 🖱 クリックし、**コンテキストツールバー**より 🔲 [**フィーチャー編集**] を 🖱 クリック。

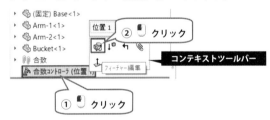

2. **次の位置を追加**するために 🔲 [**位置を追加**] を 🖱 クリック。

3. 『**位置名指定**』ダイアログが表示され、「**位置名（P）**」に <**位置5**> が**自動入力**されます。

名前はそのままで [OK] を 🖱 クリック。

4. 「**合致位置（P）**」の [**すべて従動合致に設定**] を クリックすると、**構成部品をドラッグして位置が変更できる状態**になります。グラフィックス領域に表示される**矢印**は、**合致で許容される自由度**を示します。

5. グラフィック領域で構成部品を ドラッグして**移動**すると、**角度制限合致（従動合致）の値が変更**されます。[**位置の更新**] を クリックし、[**OK**] を クリックして**編集を終了**します。

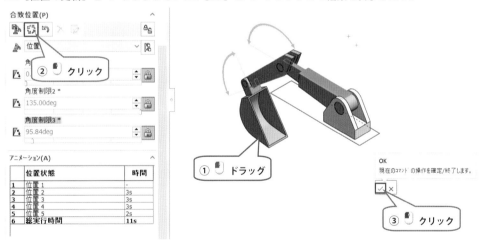

OK
現在のコマンド の操作を確定/終了します。

👍 *POINT* 位置のリセット

> **ドラッグした位置をリセットしてやり直す場合**は、[**位置のリセット**] を クリックします。

👍 *POINT* 駆動合致に設定

> **個々の角度制限合致**にある [**駆動合致に設定**] を クリックすると、**数値入力ボックスがアクティブに**なります。**角度がロック状態になる**ので、**構成部品をドラッグしても設定した角度を保持**します。

17.5.3 *合致コントローラのアニメーション*

{ 🔩 **Arm with bucket**} に作成した《 🦶 **合致コントローラ**》を**アニメーション**で**表示**します。

1. FeatureManager デザインツリーで《 🦶 **合致コントローラ**》を 🖱 クリックし、**コンテキストツールバー**
   より 🔧 [**フィーチャー編集**] を 🖱 クリック。

2. Property Manager「**アニメーション（A）**」の 📊 [**アニメーションを計算**] を 🖱 クリックすると、
   アセンブリの**アニメーション**が**実行**されます。

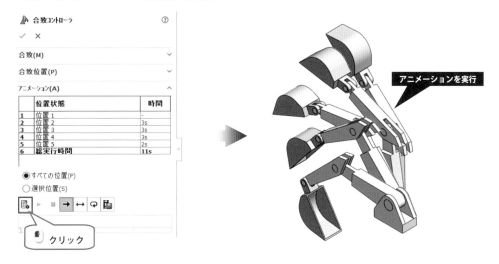

「**アニメーション（A）**」には、次のオプションがあります。

オプション	説 明
▶ [再生]	アニメーションを再生します。アニメーションの計算後に使用できます。
■ [停止]	アニメーションを停止します。
→ [普通]	最初から最後までを 1 回だけ再生します。
↔ [往復運動]	最初から最後、最後から最初を繰り返し再生します。
↻ [連続再生]	最初から最後を繰り返し再生します。
🎞 [アニメーションをエクスポート]	アニメーションを動画ファイルとして保存します。
▯ [スライダー]	スライダーをドラッグして移動すると、その時間の位置で表示します。

3. アニメーションを**動画ファイル**として**保存**します。
   ■ [**停止**] を 🖱 クリックし、🎞 [**アニメーションをエクスポート**] を 🖱 クリック。

4. 『**スクリーン キャプチャをファイルへ記録**』ダイアログが表示されます。

「**保存する場所（I）**」「**ファイル名（N）**」「**ファイルの種類（T）**」「**イメージサイズとアスペクト比（M）**」など
を設定して 保存(S) を クリック。

[**Microsoft AVI ファイル（*.avi）**]を選択した場合、『**ビデオの圧縮**』ダイアログが表示されます。

[**Microsoft Video 1**]を選択すると、「**圧縮の品質**」と「**フレームごと**」の設定ができます。

（※圧縮率が低いとファイルのサイズは小さくなりますが、イメージ品質が低下します。）

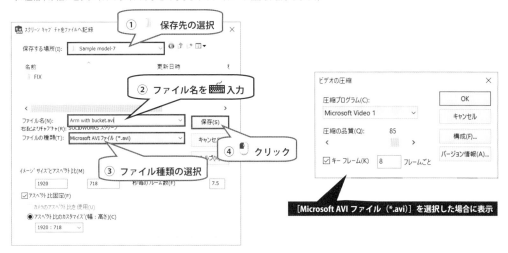

5. 『**ビデオの圧縮**』ダイアログで[**Microsoft Video 1**]を選択した場合、メッセージダイアログが表示
されるので いいえ(N) を クリック。

6. **アニメーション**が**再生**され**録画状態**になります。

↔ [**往復運動**]または ↻ [**連続再生**]の場合は、■ [**停止**]を クリックするまで録画します。

7. Property Manager または**確認コーナー**の ✓ [**OK**]ボタンを クリックして**編集を終了**します。

8. 出力した**動画ファイル**を ◎ **Windows Media Player** などの**プレーヤー**で**再生**してみましょう。

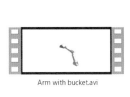

Arm with bucket.avi

9. 🖫 [**保存**]にて {🛞 **Arm with bucket**} を**上書き保存**し、関連するすべてのファイルを閉じます。

17.5.4 位置からコンフィギュレーションを作成

合致コントローラで設定した位置からコンフィギュレーションを作成できます。

（※SOLIDWORKS2017 以降の機能です。）

1. ダウンロードフォルダー {▢ **Chapter17**} の {▢ **Sample model-8**} よりアセンブリ {◈ **Rotating table**} を
   開きます。既存の《▲ **合致コントローラ**》には **3 つの位置が作成**してあります。

Rotating table.SLDASM

2. FeatureManager デザインツリーで《▲ **合致コントローラ（位置 3）**》を 🖰 クリックし、
   コンテキストツールバーより 🔘 [**フィーチャー編集**] を 🖰 クリック。

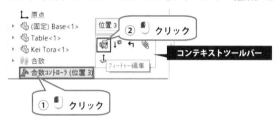

3. 🔘 **位置のリスト**より [**位置 1**] を**選択**し、🔘 [**コンフィギュレーションの追加**] を 🖰 クリック。
   吹き出しで「**合致コントローラ位置 1 コンフィギュレーションが正常に追加されました。**」と**表示**されます。

4. 🔘 **位置のリスト**より [**位置 2**] を**選択**し、🔘 [**コンフィギュレーションの追加**] を 🖰 クリック。
   吹き出しで「**合致コントローラ位置 2 コンフィギュレーションが正常に追加されました。**」と**表示**されます。

5. 位置のリストより［位置3］を選択し、[icon][コンフィギュレーションの追加］を[icon] クリック。
吹き出しで「合致コントローラ位置3コンフィギュレーションが正常に追加されました。」と表示されます。

6. Property Manager または確認コーナーの [icon]［OK］ボタンを[icon] クリックして編集を終了します。

7. [icon]［Configuration Manager］を[icon] クリックし、《[icon] 合致コントローラ》から作成した新しい3つの
コンフィギュレーションがあることを確認します。

8. [icon]［Configuration Manager］でアクティブコンフィギュレーションを切り替えてみましょう。
✓マークは、アクティブコンフィギュレーションを意味しています。

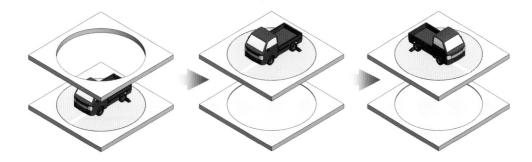

9. [icon]［保存］にて {[icon] Rotating table} を上書き保存します。

モーションスタディでアニメーションを使用すると、**合致コントローラで定義した位置に基づいてアニメーショ
ンを作成**できます。アセンブリ｛ 🐝 **Rotating table**｝を使用して**アニメーションを作成**してみましょう。

1.　ウィンドウ左下の【**モーションスタディ 1**】タブを 🖱 クリック。

2.　「**スタディのタイプ**」で［**アニメーション**］を選択し、🖾［**Animation Wizard**］を 🖱 クリック。

3.　『**アニメーションタイプの選択**』ダイアログが表示されます。

　　「**合致コントローラ**」を ◉ 選択し、 次へ(N)> を 🖱 クリック。

4. 『**インポートタイプの選択**』ダイアログが表示されます。

「**2.インポートタイプを選択**」で「**キーポイント（アニメーションやレンダリングに推奨）（K）**」を ◉ 選択し、

次へ(N)> を 🖱 クリック。

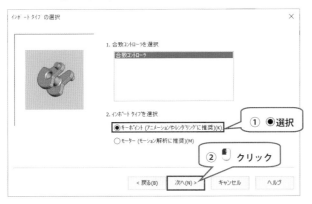

5. 『**アニメーションのコントロールオプション**』ダイアログが表示されます。

「**遅延時間（秒）（S）**」に <1> を ⌨ 入力して 完了 を 🖱 クリック。

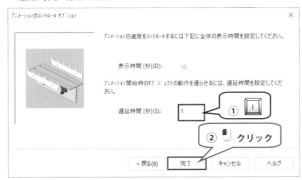

6. タイムラインに合致コントローラのデータに基づいて**変更バーとキーポイント**が挿入されます。

7. 🖩 ［**計算**］を 🖱 クリックすると、グラフィックス領域で**アニメーションが再生**されます。

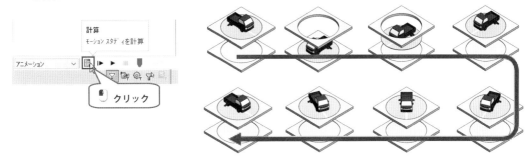

8. モーションスタディのアニメーションは、**動画ファイルとして保存**できます。

モーションスタディのツールバーにある ![アニメーション保存アイコン] ［**アニメーション保存**］を 🖱 クリック。

9. 『**アニメーションをファイルへ保存**』ダイアログで「**保存する場所（I）**」「**ファイル名（N）**」

「**ファイルの種類（T）**」「**イメージサイズとアスペクト比（M）**」などを設定して 保存(S) を 🖱 クリック。

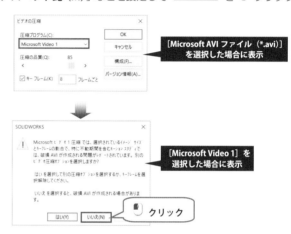

[**Microsoft AVI ファイル（*.avi）**]
を選択した場合に表示

[**Microsoft Video 1**]を
選択した場合に表示

クリック

10. 下図のメッセージボックスが表示された場合は、 はい(Y) を 🖱 クリック。

クリック

11. 再計算により**アニメーションが実行**され、**終了すると動画ファイル**が作成されます。

▶ **Windows Media Player** などの**プレーヤーで再生**できます。

Rotating table.avi

12. ![保存アイコン]［**保存**］にて { 🔩 **Rotating table**} を**上書き保存**し、関連するファイルをすべて閉じます。

Chapter18

練習問題

トップダウンの手法でアセンブリモデルを作成する**練習問題**です。
ダウンロードした CAD データを使用してアセンブリモデルを作成してください。

収納ボックス

トイレットペーパーホルダー

箱型トラック

パネル式ドア

18.1 *収納ボックス*

ラックに設置するための**プラスチック製の収納ボックス**を作成してください。

下図のように 2 本の {🧩 **Bar**} に掛けて設置します。

設置できる個数に条件を求めませんが、3 個～5 個程度が使い勝手が良いでしょう。

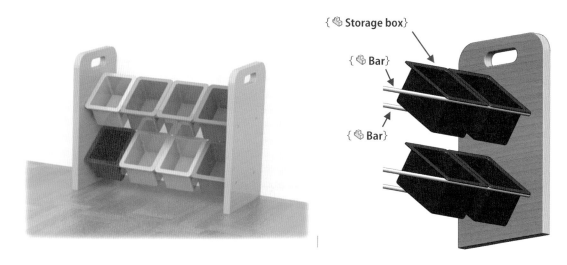

{🧩 **Storage box**}

{🧩 **Bar**}

{🧩 **Bar**}

ダウンロードフォルダー {📁 **Chapter 18**} > {📁 **Exercise-1**} に使用するアセンブリと部品ファイルがあります。

Bar.SLDPRT   in the room.SLDASM   Rack.SLDASM

Room.SLDPRT   Side plate mirror.SLDPRT   Side plate.SLDPRT

ダウンロードフォルダー {📁 **Chapter 18**} > {📁 **Exercise-1**} にある {🧩 **Rack**} を開きます。

既存の構成部品、アセンブリのトップレベルにレイアウトスケッチと参照平面があります。

Rack.SLDASM

用意されたレイアウトスケッチと参照平面

作成手順

下記に参考として収納ボックスの作成手順を示します。

1. アセンブリに 🖐 [**新規部品**] で**内部部品を作成**し、**名前を変更**します。

   参照　12.3.2　新規部品の作成 (P14)

2. 内部部品を**非固定**にした後、📎 [**合致**] を使用して**位置決め**をします。

   - ▼ 🔲 [Storage box^Rack]<1>
     - ▶ 🔲 合致@Rack
     - 🔲 履歴
     - 🔲 センサー
     - ▶ 🔲 アノテート アイテム
     - 🔲 材料 <指定なし>
     - 🔲 正面
     - 🔲 平面
     - 🔲 右側面
     - 🔲 原点

   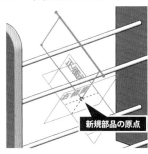

   新規部品の原点

   参照　13.1　新規部品の挿入と位置決め (P24)

3. レイアウトスケッチや参照平面を**外部参照してフィーチャーを作成**します。

   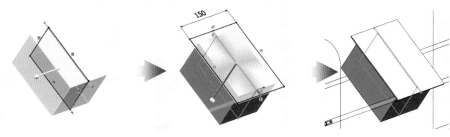

   参照　13.2　外部参照によるフィーチャー作成 (P27)

4. **外部ファイルとして保存**し、**外部参照の削除**、**拘束を再定義**します。

   参照　13.3　外部ファイルとして保存 (P31)

5. 《 🔲 **フィレット**》《 🔲 **面取り**》《 🔲 **シェル**》の**追加**、[**材料編集**] で材料を選択して部品を完成させます。

   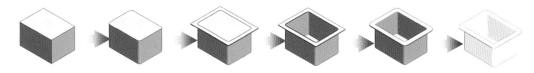

6. 《 🐚 (-)Storage box<1>》の**合致を削除**し、2 本の { 🐚 Bar} に掛かるように 📎 [**合致**] を追加します。

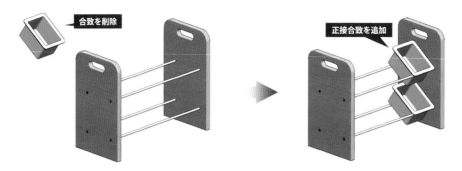

7. **構成部品のパターン化**を使用して収納ボックスを**コピー**します。
   🔴 [**外観編集**]、🖼 [**シーン適用**]、🖥 [**表示設定**] で**表示状態を設定**してアセンブリの完成です。

参照　アセンブリ STEP1　10.2 構成部品パターン（直線パターン）（P129）

8. ダウンロードフォルダー { 📁 Chapter 18} ＞ { 📁 Exercise-1} にある { 🐚 in the room} に { 🐚 Rack} を
   挿入して壁際に配置します。「**PhotoView 360**」で**レンダリング画像を作成**してみましょう。

   （※完成モデルはダウンロードフォルダー { 📁 Chapter18} ＞ { 📁 Exercise-1} ＞ { 📁 FIX} に保存されています。）

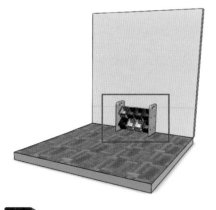

参照　アセンブリ入門　4.8 レンダリング（PhotoView 360）（P141）

18.2 箱型トラック

トラックの荷台に下図のような**運送用のアルミ製の箱と扉を作成**してください。

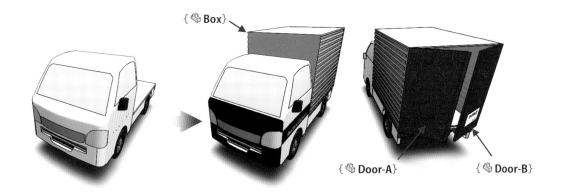

{ 🝙 Box}

{ 🝙 Door-A}　　　{ 🝙 Door-B}

ダウンロードフォルダー {📁 Chapter 18} > {📁 Exercise-2} に使用するアセンブリ、部品ファイルがあります。

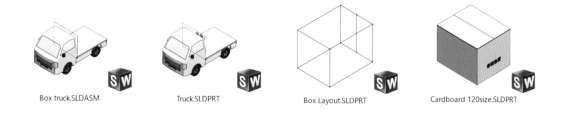

Box truck.SLDASM　　　Truck.SLDPRT　　　Box Layout.SLDPRT　　　Cardboard 120size.SLDPRT

ダウンロードフォルダー {📁 Chapter 18} > {📁 Exercise-2} にある {🝙 Box truck} を開きます。

《🝙 (固定)Truck》のみで、トップレベルにレイアウトスケッチはありません。

レイアウトスケッチ部品 {🝙 Box Layout} を**アセンブリに挿入**し、これを基に新規部品を作成してください。

Box truck.SLDASM

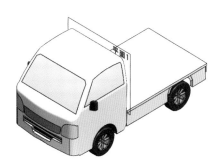

平面1

作成手順

下記に参考として箱型トラックの作成手順を示します。

1. レイアウトスケッチ部品 { 🐾 **Box Layout** } を**アセンブリに挿入**し、🔖 [**合致**] を使用して**完全定義**します。
   この部品は参照用なので**エンベロープに変更**します。

> **参照**   12.3.1 レイアウトスケッチ部品をエンベロープとして挿入 (P12)

2. アセンブリに 🖐 [**新規部品**] で **3 つの内部部品を作成**し、**名前を変更**します。

> **参照**   12.3.2 新規部品の作成 (P14)

3. すべての内部部品を**非固定**にした後、🔖 [**合致**] を使用して**位置決め**をします。

> **参照**   13.1 新規部品の挿入と位置決め (P24)

4. レイアウトスケッチや参照平面を**外部参照して各部品のフィーチャーを作成**します。

> **参照**   13.2 外部参照によるフィーチャー作成 (P27)

5. **外部ファイルとして保存**し、**外部参照の削除、拘束を再定義**します。

参照 13.3 外部ファイルとして保存 (P31)

6. 各部品の機能に合わせて《 🔷 **押し出しボス**》《 🔲 **押し出しカット**》《 🔳 **シェル**》《 🔷 **フィレット**》

《 🔷 **面取り**》などを**追加**、[**材料編集**]で**材料の選択**、🔵 [**外観編集**]で**任意の外観を設定**して部品を完成

させます。

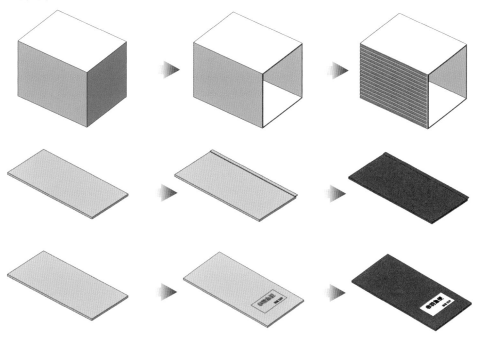

7. 作成した部品に関連する**合致をすべて削除**し、**合致を作成し直し**ます。

🔺 [**角度制限**]や ◪ [**対称**]を使用して**扉の動きを制限**してみましょう。

（※扉を開けるにはヒンジなどの部品が必要ですが、今回は合致のみで処理してください。）

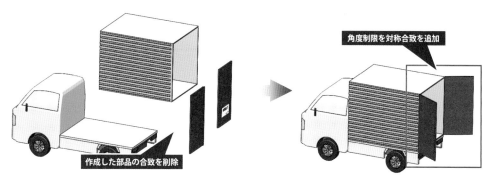

角度制限を対称合致を追加

作成した部品の合致を削除

参照 アセンブリ STEP1　8.3 対称合致 (P76)

参照 アセンブリ STEP1　8.7.2 角度制限合致の追加 (P97)

8. 段ボール箱 {🧊 **Box Layout**} をいくつか積み込んでみましょう。

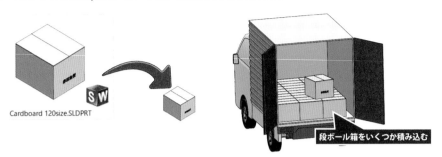

Cardboard 120size.SLDPRT

段ボール箱をいくつか積み込む

9. 🔵 [**外観編集**]、🖼 [**シーン適用**]、🖥 [**表示設定**] で**表示状態を設定してアセンブリの完成**です。

10. 「**PhotoView 360**」で**レンダリング画像を作成**してみましょう。

（※完成モデルはダウンロードフォルダー {📁 **Chapter18**} > {📁 **Exercise-2**} > {📁 **FIX**} に保存されています。）

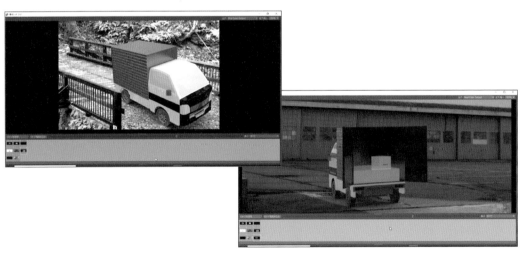

参照　　　アセンブリ入門　4.8 レンダリング（PhotoView 360）（P141）

18.3 トイレットペーパーホルダー

下図のような**ステンレス製のトイレットペーパーホルダーを作成**してください。

トイレットペーパーの大きさは「紙幅：114mm」「芯の径（内径）：38mm」「巻とり径：120mm」とします。

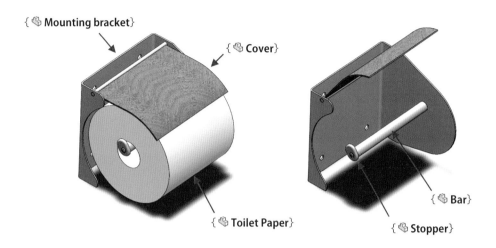

ダウンロードフォルダー{ **Chapter 18**}＞{ **Exercise-3**} に使用するアセンブリ、部品ファイルがあります。

Toilet paper holder.SLDASM　　Bar.SLDPRT　　Layout sketch.SLDPRT　　Stopper.SLDPRT　　Toilet Paper.SLDPRT　　Wall.SLDPRT

ダウンロードフォルダー{ **Chapter 18**}＞{ **Exercise-3**} にある{**Toilet paper holder**} を開きます。

レイアウトスケッチ部品《 **(固定)Layout sketch**》が**エンベロープとして配置**されています。

これを基に新規部品{ **Mounting bracket**} と{ **Cover**} を作成してください。

{ **Cover**} に関しては、アセンブリ内に**新規にレイアウトスケッチを作成して設計**してください。

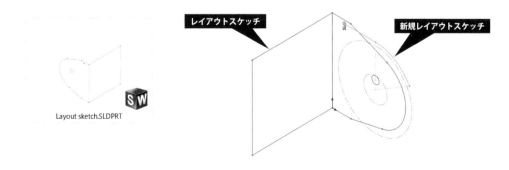

Layout sketch.SLDPRT

作成手順

下記に参考としてトイレットペーパーホルダーの作成手順を示します。

1. **アセンブリ内でカバーのスケッチを作成**し、**ブロック化**して**位置決め**をします。これを**モーション確認**します。

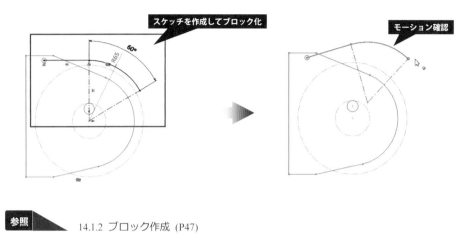

参照 14.1.2 ブロック作成 (P47)

2. アセンブリに [**新規部品**] で **2 つの内部部品を作成**し、**名前を変更**します。

参照 12.3.2 新規部品の作成 (P14)

3. すべての内部部品を**非固定**にした後、⊛ [**合致**] を使用して**位置決め**をします。

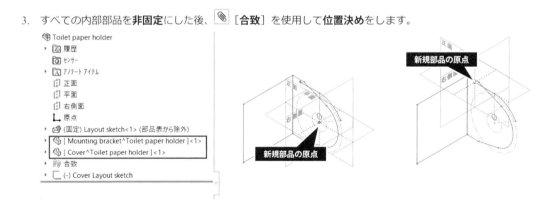

参照 13.1 新規部品の挿入と位置決め (P24)

4. レイアウトスケッチや参照平面を**外部参照して各部品のフィーチャーを作成**します。

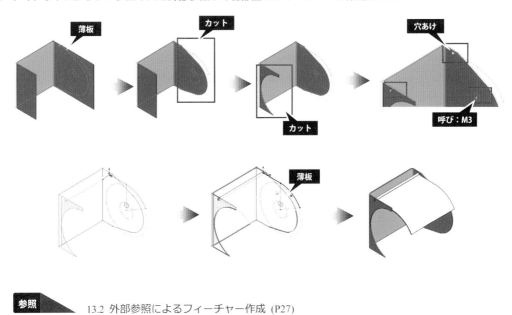

参照　13.2 外部参照によるフィーチャー作成 (P27)

5. **外部ファイルとして保存**し、**外部参照の削除、拘束を再定義**します。

参照　13.3 外部ファイルとして保存 (P31)

6. 各部品の機能に合わせて《 穴》《 フィレット》《 面取り》などを**追加**、［**材料編集**］で**材料の選択**、
［**外観編集**］で**任意の外観を設定**して部品を完成させます。

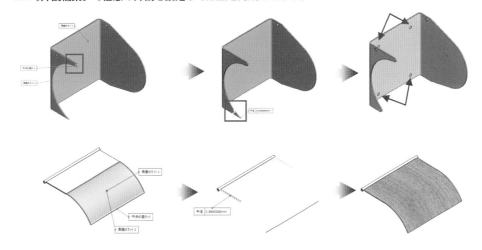

7. 作成した部品に関連する**合致をすべて削除**し、**合致を作成し直し**ます。

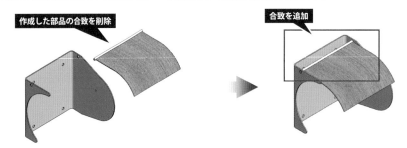

8. {🧩 Bar}{🧩 Stopper}{🧩 Toilet Paper} を**挿入**し、**合致を追加**します。

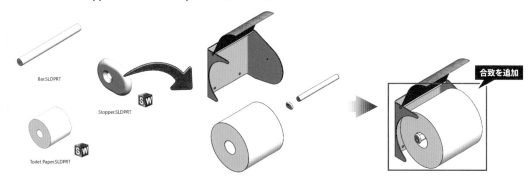

9. 🖼 [**スマートファスナー挿入**] を使用し、**任意のタイプのファスナーを追加**します。

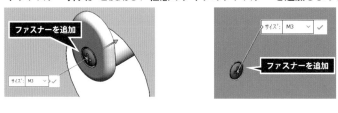

参照 ▶ 16.2 ファスナーの挿入と編集 (P133)

10. 🔵 [**外観編集**]、🔲 [**シーン適用**]、🖥 [**表示設定**] で**表示状態を設定**してアセンブリの完成です。

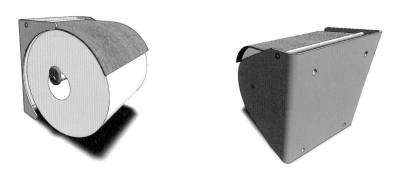

11. **新規アセンブリ**に {🛠 **Wall**} を**挿入**し、下図に示す位置に {🛠**Toilet paper holder**} を取り付けます。

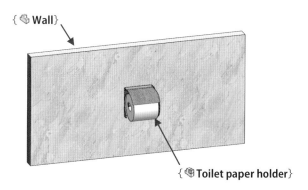

{🛠 **Wall**}

{🛠**Toilet paper holder**}

12. 「**PhotoView 360**」で**レンダリング画像を作成**してみましょう。

（※完成モデルはダウンロードフォルダー {📁 **Chapter18**} ＞ {📁 **Exercise-3**} ＞ {📁 **FIX**} に保存されています。）

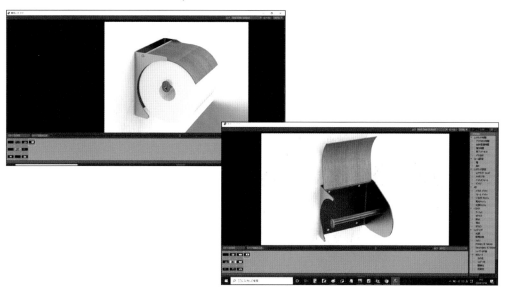

参照 ▸ アセンブリ入門 4.8 レンダリング（PhotoView 360）（P141）

18.4 パネル式ドア

下図のような**木製のパネル式ドアを作成**してください。窓枠、2種類のパネル、ジョイントで構成されます。

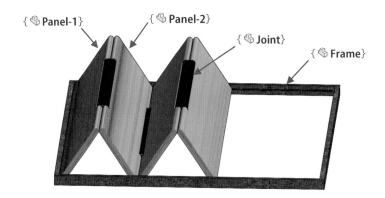

ダウンロードフォルダー｛ **Chapter 18**｝＞｛ **Exercise-4**｝に使用するアセンブリ、部品、ブロックファイルがあります。

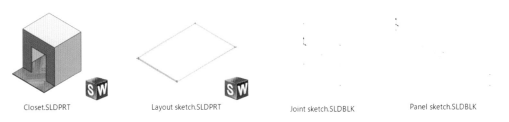

Closet.SLDPRT　　　　　　　Layout sketch.SLDPRT　　　　　　Joint sketch.SLDBLK　　　　Panel sketch.SLDBLK

最初に新規アセンブリでレイアウトスケッチ部品｛ **Layout sketch**｝を**エンベロープとして挿入**します。
[**レイアウト作成**]にて｛ **Exercise-4**｝にあるブロックファイル｛ **Panel sketch**｝と｛ **Joint sketch**｝
を**挿入**し、**拘束を追加してモーション確認**してください。

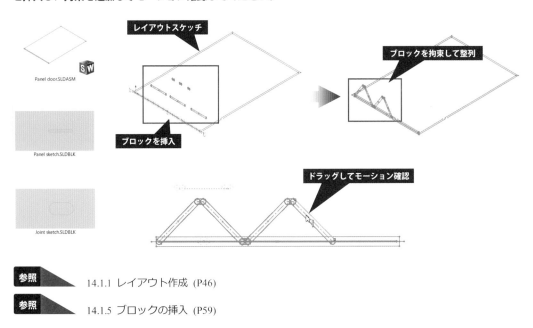

参照 ▸ 14.1.1 レイアウト作成 (P46)

参照 ▸ 14.1.5 ブロックの挿入 (P59)

作成手順

下記に参考としてパネル式ドアの作成手順を示します。

1. 新規アセンブリを作成し、エンベロープとブロックを挿入して位置決めをします。

2. アセンブリに 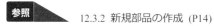 [新規部品] で **4 つの内部部品を作成**し、**名前を変更**します。

   参照　12.3.2 新規部品の作成 (P14)

3. すべての内部部品を**非固定**にした後、[合致] を使用して**位置決め**をします。

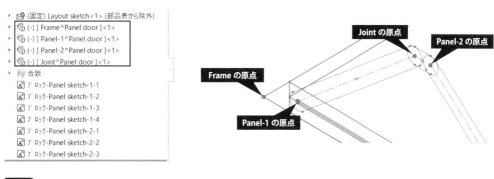

   参照　13.1 新規部品の挿入と位置決め (P24)

4. レイアウトスケッチや参照平面を**外部参照して各部品のフィーチャーを作成**します。

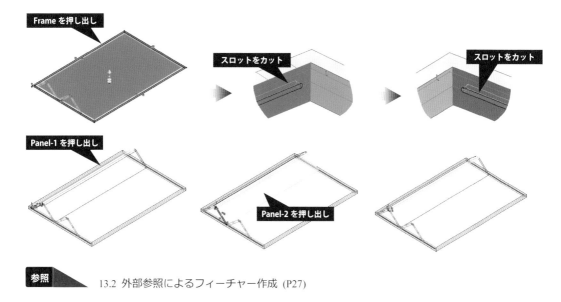

   参照　13.2 外部参照によるフィーチャー作成 (P27)

5. **外部ファイルとして保存**し、**外部参照の削除、拘束を再定義**します。

参照　　　　13.3 外部ファイルとして保存 (P31)

6. 各部品の機能に合わせて《 押し出しボス》《 押し出しカット》《 フィレット》《 面取り》などを
追加し、[材料編集] で材料の選択、 [外観編集] で任意の外観を設定して部品を完成させます。

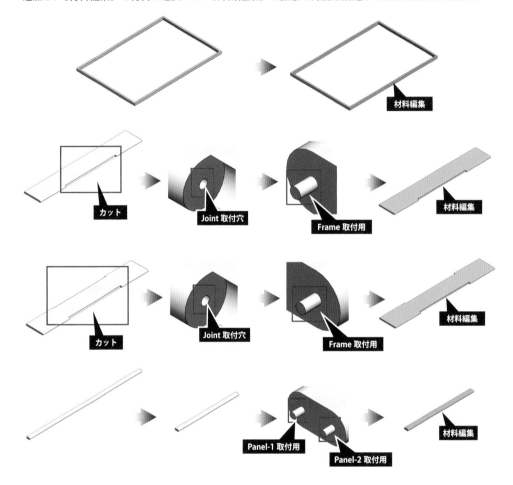

7. 作成した部品に関連する**合致とブロックを削除**し、**合致を作成し直し**ます。

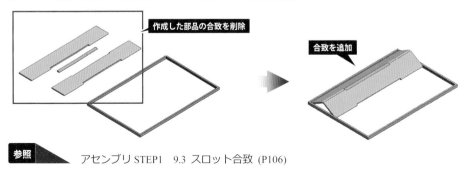

参照　　　　アセンブリ STEP1　9.3 スロット合致 (P106)

（※スロット合致は SOLIDWORKS2014 以降の機能です。以前バージョンは一時的な軸と参照平面に一致合致を追加します。）

8. **構成部品をコピー**して**合致を追加**します。

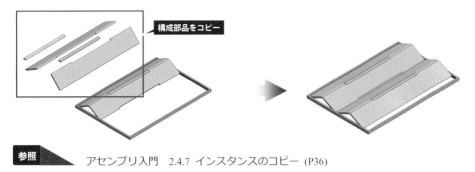

構成部品をコピー

参照　アセンブリ入門　2.4.7 インスタンスのコピー (P36)

9. 🔵 [**外観編集**]、🖼 [**シーン適用**]、🖥 [**表示設定**] で**表示状態を設定**してアセンブリの完成です。

10. **新規アセンブリ**に { 🧊 **Closet**} を**挿入**し、下図に示す位置に { 🧊 **Panel door**} を取り付けます。

⚠ レイアウトスケッチのあるアセンブリは、別のアセンブリで挿入するとフレキシブルに指定できません。

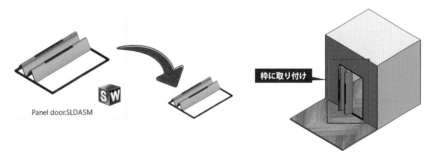

Panel door.SLDASM

枠に取り付け

11. 「**PhotoView 360**」で**レンダリング画像を作成**してみましょう。

（※完成モデルはダウンロードフォルダー { 📁 **Chapter18**} > { 📁 **Exercise-4**} > { 📁 **FIX**} に保存されています。）

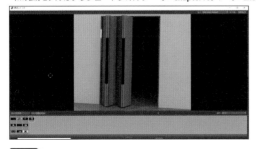

参照　アセンブリ入門　4.8 レンダリング（PhotoView 360）　(P141)

ゼロからはじめる *SOLIDWORKS*

Series2 アセンブリモデリング STEP3

索 引

© オズクリエイション　2021

ゼロからはじめる SOLIDWORKS Series 2
アセンブリモデリング STEP2

2021年 7月10日　第1版第1刷発行

編　者　　株 式 会 社
　　　　　オズクリエイション
発 行 者　　田　　中　　聡

発 行 所
株式会社 電 気 書 院
ホームページ　www.denkishoin.co.jp
（振替口座　00190-5-18837）
〒101-0051　東京都千代田区神田神保町1-3 ミヤタビル2F
電話(03)5259-9160／FAX(03)5259-9162

印刷　株式会社シナノパブリッシングプレス
Printed in Japan／ISBN978-4-485-30306-1

・落丁・乱丁の際は，送料弊社負担にてお取り替えいたします．